ERGEBNISSE DER MATHEMATIK
UND IHRER GRENZGEBIETE
HERAUSGEGEBEN VON DER SCHRIFTLEITUNG
DES
„ZENTRALBLATT FÜR MATHEMATIK"
ERSTER BAND
─────── 3 ───────

LAMÉsche – MATHIEUsche – UND VERWANDTE FUNKTIONEN IN PHYSIK UND TECHNIK

VON

M. J. O. STRUTT

MIT 12 FIGUREN

BERLIN
VERLAG VON JULIUS SPRINGER
1932

ISBN-13:978-3-642-90449-3   e-ISBN-13:978-3-642-92306-7
DOI: 10.1007/978-3-642-92306-7

ALLE RECHTE, INSBESONDERE DAS DER ÜBERSETZUNG
IN FREMDE SPRACHEN, VORBEHALTEN.
COPYRIGHT 1932 BY JULIUS SPRINGER IN BERLIN.
SOFTCOVER REPRINT OF THE HARDCOVER 1ST EDITION 1932

Vorwort.

Der vorliegende Bericht wurde geschrieben, um einen Überblick zu geben über den derzeitigen Stand unserer Kenntnisse der LAMÉschen- MATHIEUschen- und verwandten Funktionen, wobei besonders auf jene Eigenschaften geachtet worden ist, die in physikalischen und technischen Problemen zur Anwendung gelangen. In der neueren Literatur gibt es zwei Zusammenfassungen über diese Funktionen. Die erste ist in zwei Kapiteln des Werkes „*A course of modern analysis*" von E. T. WHITTAKER und G. N. WATSON enthalten. Die neueste (vierte) Auflage dieses Werkes ist von 1927 datiert. Die zweite Zusammenfassung ist das Werk von P. HUMBERT „*Fonctions de Lamé et fonctions de Mathieu*" und ist von 1926 datiert. Auf diese Zusammenfassungen sei schon hier für ältere Literaturangaben verwiesen. Es bedarf sicher einiger Worte, die vorliegende Arbeit neben diesen Zusammenfassungen zu rechtfertigen. Der Hauptgrund ist der, daß die Theorie der HILLschen und als Sonderfall der MATHIEUschen Differentialgleichung in den letzten Jahren bedeutende Fortschritte erzielt hat, sowohl nach der mathematischen als auch nach der numerischen Seite. Durch diese Fortschritte scheint es jetzt möglich, eine einheitlich aufgebaute Behandlung der HILLschen und der MATHIEUschen Differentialgleichung zu geben. Wir haben dies in den Abschnitten II und III versucht. Auch in der Theorie der LAMÉschen Differentialgleichung wurden einige praktisch verwertbare Fortschritte erzielt, obwohl hier viel weniger als bei der HILLschen und der MATHIEUschen Gleichung. Ein anderer Grund für diese Arbeit ist darin zu erblicken, daß in den letzten Jahren eine Reihe von physikalischen und technischen Problemen mit Hilfe der HILLschen, MATHIEUschen und LAMÉschen Differentialgleichungen behandelt wurden. Einige dieser Anwendungen darzustellen, haben wir in den Abschnitten I, V, VI, und VII versucht.

Während wir glauben, daß die Theorie der HILLschen und der MATHIEUschen Differentialgleichung mit *reellen* Veränderlichen und Parametern eine gewisse Abrundung erfahren hat (viele Detailfragen sind auch hier noch offen, vgl. II, 2c, III, 6c und IV, 6c), sei betont, daß ähnliches von diesen Gleichungen mit *komplexen* Veränderlichen und Parametern, worunter, wie wir zeigen, fast alle Differentialgleichungen der mathematischen Physik fallen (einschließlich der LAMÉschen, vgl. IV, 6a), keineswegs gesagt werden kann. Erst wenn die hierauf Bezug habenden Probleme eingehende Behandlung erfahren haben, kann man hoffen, die Theorie der LAMÉschen Differentialgleichungen in ähnlicher Weise abzurunden wie jene der MATHIEUschen. Eine solche Untersuchung würde nicht nur neues Licht auf viele Differentialgleichungen der mathematischen Physik werfen, sondern auch die Anwendung mancher der so erhaltenen Funktionen auf praktisch wichtige Probleme ermöglichen. Wir schließen mit dem Wunsch, daß unsere Arbeit diesen Ausbau der Theorie fördern helfen möge.

Dem Herausgeber möchte ich für die Anregung zu diesem Bericht, Herrn TH. ZECH für die Durchsicht der Fahnenkorrektur und dem Verlag für sein weitgehendes Entgegenkommen bei der Veröffentlichung desselben, auch an dieser Stelle meinen Dank aussprechen.

Eindhoven, im Juni 1932.

M. J. O. STRUTT.

Inhaltsverzeichnis.

Seite

I. **Auftreten der LAMÉschen, MATHIEUschen und verwandter Differentialgleichungen in physikalischen und technischen Problemen** 1
   1. Transformation der Gleichung $\Delta u + k^2 u = 0$ auf elliptische Koordinaten 1
      a) Gestrecktes Rotationsellipsoid 2
      b) Abgeplattetes Rotationsellipsoid 3
      c) Dreiachsiges Ellipsoid 4
      d) Elliptischer Zylinder 5
      e) Bemerkung über die Benennung „LAMÉsche" bzw. „MATHIEUsche" Differentialgleichung 6
   2. Wellenmechanische Probleme 7
      a) Elektronenbewegung im eindimensionalen Atomgitter 7
      b) Quantelung des asymmetrischen Kreisels 8
   3. Hydrodynamische Probleme 8
      a) Bewegung von Ellipsoiden und elliptischen Zylindern in idealen Flüssigkeiten 9
      b) Gleichgewichtsfiguren von Flüssigkeitsmassen 9
      c) Eigenschwingungen des Wassers in einem elliptischen Becken 10
   4. Mechanische und elektrische Anfangswertprobleme 10
      a) Bewegung eines Massenpunktes in einem periodisch mit der Zeit veränderlichen Kraftfeld 10
      b) Elektrizitätsbewegung in einem Schwingungskreis, dessen Elemente periodisch mit der Zeit veränderlich sind 11
      c) Stabilitätsuntersuchung nichtlinearer Schwingungsvorgänge 12

II. **HILLsche Differentialgleichung** 12
   1. Die Differentialgleichungen der mathematischen Physik als Sonderfälle der HILLschen Gleichung 12
      a) Die Differentialgleichung der LEGENDREschen Polynome 13
      b) Die konfluente hypergeometrische Differentialgleichung 13
   2. Allgemeine Sätze über die HILLsche Differentialgleichung 13
      a) Labile und stabile Lösungen der HILLschen Differentialgleichung 14
      b) Sätze von O. HAUPT über die labilen und stabilen λ-Werte 14
      c) Weitere Fragen über die HILLsche Differentialgleichung 16
   3. Die HILLsche Differentialgleichung mit beschränkter Funktion Φ und mit zwei Parametern 16
      a) Asymptotische Berechnung des charakteristischen Exponenten 17
      b) Sätze über die Parameterwerte, welche zu stabilen bzw. labilen Lösungen gehören 18
      c) Asymptotische Berechnung der ganz- und halbperiodischen Eigenwerte 19
   4. Auflösung der HILLschen Differentialgleichung 20
      a) Die HILLsche Auflösungsmethode 21
      b) HILLsche Funktionen 22

		Seite
III.	MATHIEUsche Differentialgleichung	23
	1. Allgemeine Auflösung der MATHIEUschen Differentialgleichung	23
	a) Eigenschaften der Lösungen bei vorgegebenem λ und h	24
	b) Berechnung des charakteristischen Exponenten aus der HILLschen Determinante	25
	c) Berechnung des charakteristischen Exponenten nach E. T. WHITTAKER	26
	d) Berechnung des charakteristischen Exponenten nach E. L. INCE	27
	e) Asymptotische Berechnung des charakteristischen Exponenten	28
	2. Periodische Lösungen; MATHIEUsche Funktionen	29
	a) Vier Typen MATHIEUscher Funktionen erster Art	30
	b) Berechnung der Funktionen erster Art nach E. MATHIEU	31
	c) Numerische Ergebnisse von E. MATHIEU	32
	d) Berechnung der MATHIEUschen Funktionen nach E. L. INCE und S. GOLDSTEIN	34
	e) Orthogonalitätseigenschaften der MATHIEUschen Funktionen erster Art	35
	3. Verlauf der Grenzkurven zwischen labilen und stabilen Lösungsgebieten der MATHIEUschen Gleichung	36
	a) Berührung der Grenzkurven für $h = 0$ und $\lambda = n^2$	36
	b) Asymptotischer Verlauf der Grenzkurven	37
	c) Asymptotisches Verhalten der MATHIEUschen Funktionen	38
	d) Exkurs zu einer verwandten Differentialgleichung	39
	4. MATHIEUsche Funktionen zweiter Art	40
	a) Zu jedem ganz- bzw. halbperiodischen Eigenwert gibt es nur eine ganz- bzw. halbperiodische Eigenfunktion	41
	b) Berechnung der MATHIEUschen Funktionen zweiter Art nach E. L. INCE und nach B. SIEGER	41
	c) Berechnung der MATHIEUschen Funktionen zweiter Art nach S. GOLDSTEIN	42
	5. MATHIEUsche Gleichung mit einer rein imaginären unabhängigen Veränderlichen	43
	a) Zugeordnete MATHIEUsche Funktionen erster, zweiter und dritter Art; Charakterisierung durch ihr asymptotisches Verhalten	43
	b) Reihendarstellung der zugeordneten Funktionen nach E. HEINE	45
	c) Reihendarstellung der zugeordneten Funktionen nach B. SIEGER	46
	d) Konvergenzfragen bei diesen Darstellungen	48
	6. Allgemeine Bemerkungen über MATHIEUsche Funktionen	48
	a) Bemerkungen über die Bezeichnung der MATHIEUschen Funktionen	48
	b) Entartungen der MATHIEUschen Funktionen; WEBER-HERMITEsche und BESSELsche Funktionen	49
	c) Weitere Fragen über die MATHIEUsche Differentialgleichung	51
IV.	LAMÉsche Differentialgleichung	51
	1. LAMÉsche Potentialfunktionen auf einer Ellipsoidfläche	52
	a) Aufzählung von vier Arten LAMÉscher Potentialfunktionen auf einer Ellipsoidfläche	52
	b) Eigenwerte der Ellipsoidflächenfunktionen; Abzählung der verschiedenen Funktionen vorgegebener Ordnung	53
	c) Orthogonalitätseigenschaften der Ellipsoidflächenfunktionen	54

		Seite
2.	LAMÉsche Potentialfunktionen im Raum	55
	a) LAMÉsche Produkte	55
	b) Zugeordnete LAMÉsche Funktionen	56
3.	Darstellung der LAMÉschen Potentialfunktionen	57
	a) Ausdrücke für die LAMÉschen Potentialfunktionen bis zur Ordnung $n=3$	57
	b) Rotationssymmetrische Fälle	58
4.	LAMÉsche Wellenfunktionen des dreiachsigen Ellipsoids	60
	a) LAMÉsche Wellenfunktionen auf einer Ellipsoidfläche	60
	b) Orthogonalität der LAMÉschen Wellenfunktionen auf einer Ellipsoidfläche	61
	c) LAMÉsche Wellenfunktionen im Raum	62
	d) Asymptotisches Verhalten der LAMÉschen Wellenfunktionen im Raum	63
	e) Andere Konstruktion der LAMÉschen Wellenfunktionen	64
5.	LAMÉsche Wellenfunktionen bei Rotationsellipsoiden	65
	a) LAMÉsche Wellenfunktionen auf der Oberfläche eines Rotationsellipsoids	65
	b) Rotationssymmetrische LAMÉsche Wellenfunktionen im Raum	66
	c) Berechnung der rotationssymmetrischen Wellenfunktionen nach C. NIVEN	67
	d) Berechnung der Eigenwerte Λ nach C. NIVEN und R. MACLAURIN	68
	e) Berechnung der Koeffizienten a_r und b_r nach C. NIVEN	70
	f) Darstellung der rotationssymmetrischen LAMÉschen Wellenfunktionen durch Reihen BESSELscher bzw. HANKELscher Funktionen	71
	g) Bemerkungen zu vorstehenden Reihendarstellungen	73
	h) Andere Darstellung der LAMÉschen Wellenfunktionen durch Reihen BESSELscher Funktionen	73
6.	Allgemeine Bemerkungen über LAMÉsche Funktionen	75
	a) MATHIEUsche Funktionen als Entartung LAMÉscher Funktionen	75
	b) Kugelfunktionen und BESSELsche Funktionen als Entartungen	76
	c) Weitere Fragen über die LAMÉsche Differentialgleichung	77
V.	Wellenausbreitungsprobleme aus der Physik und aus der Technik	78
1.	Beugung einer ebenen elektrischen oder akustischen Welle an einer elliptischen Öffnung in einem dünnen ebenen Schirm	78
	a) Mathematische Formulierung der Aufgabe für elektromagnetische und für akustische Wellen	78
	b) Entwicklung der Beugungsfunktionen für eine elliptische Öffnung nach LAMÉschen Funktionen	80
	c) Abmessungen der Beugungsöffnung sehr klein, gemessen an der Wellenlänge. Beugung von Schallwellen	81
	d) Entwicklung nach MATHIEUschen Funktionen im Sonderfall eines Spaltes	82
	e) Bemerkung zum HUYGENSschen Prinzip	85
2.	Beugung einer ebenen elektrischen oder akustischen Welle an einem Ellipsoid oder an einem elliptischen Zylinder	86
	a) Mathematische Formulierung des Beugungsproblems im elektrischen und im akustischen Fall	86
	b) Entwicklung der Beugungsfunktion nach LAMÉschen Wellenfunktionen beim Ellipsoid	87

Inhaltsverzeichnis.

        c) Beugung am abgeplatteten Rotationsellipsoid; insbesondere an einer Kreisplatte 87
        d) Bemerkung über das Prinzip von BABINET 88
    3. Schallstrahlungsprobleme im Zusammenhang mit einer starren Kreisplatte 89
        a) Schallstrahlung einer frei axial schwingenden starren Kreisplatte 89
        b) Sonderfälle sehr großer und sehr kleiner Wellenlänge 90
        c) Schwingende Kreisscheibe in einer ebenen kreisförmigen Schirmwand 91
        d) Sonderfall einer unendlich großen ebenen Schirmwand 92
        e) Schallstrahlungsaufgaben mit hyperboloidisch geformtem Horn 93
        f) Bemerkung über zweidimensionale Probleme, die den obigen analog sind 94

VI. Eigenschwingungsprobleme 95
    1. Innenraumprobleme 95
        a) Eigenschwingungen eines Luftvolumens, das von einem Ellipsoid begrenzt ist 96
        b) Eigenzeitkonstanten ellipsoidischer Leiter 97
    2. Außenraumprobleme 98
        a) Elektromagnetische Eigenschwingungen eines leitenden gestreckten Rotationsellipsoids 98
        b) Gleichung für die Eigenfrequenzen bei unendlich guter Leitfähigkeit 99
        c) Sonderfälle der Kugel und des stabförmigen Leiters 100
        d) Elektromagnetische Eigenschwingungen eines elliptischen Zylinders 101

VII. Wellenmechanische Probleme 102
    1. Elektronenbewegung im ruhenden Kristallgitter 102
        a) Modell für das eindimensionale Kristallgitter 102
        b) Berechnung der Reflexion einer Elektronenwelle an der Grenze eines Gitters 104
        c) Theorie der Wellensiebe mit kontinuierlichen Elementen . . . 105
        d) Diskussion der Siebgleichung; die klassischen Kettenleiterformeln als Sonderfälle 106
    2. Quantelung des asymmetrischen Kreisels 108
        a) Einführung elliptischer Koordinaten; LAMÉsche Funktionen . . 108
        b) Energiewerte als Eigenwerte der LAMÉschen Gleichungen; Numerisches 109

VIII. Literaturverzeichnis 110

I. Auftreten der LAMEschen, MATHIEUschen und verwandten Differentialgleichungen in physikalischen und technischen Problemen.

1. Transformation der Gleichung $\Delta u + k^2 u = 0$ auf elliptische Koordinaten.

Die partielle Differentialgleichung $\Delta u + k^2 u = 0$ tritt in *Wellenausbreitungsproblemen* und *Eigenschwingungsaufgaben* (*20; 106; 116*)[1] der verschiedensten Art auf. In manchen Fällen, für die wir einige Beispiele ausführlich behandeln werden, ist es nützlich, elliptische Koordinaten einzuführen. Wir werden dies für das gestreckte und das abgeplattete Rotationsellipsoid, für das dreiachsige Ellipsoid und für den elliptischen Zylinder durchführen.

Bevor wir die Transformation im einzelnen durchführen, seien einige Worte eingeschoben über den zweckmäßigsten Vorgang (*20*, S. 194) bei dieser Berechnung. Die alten Koordinaten seien x_1, x_2, x_3, die neuen ξ_1, ξ_2, ξ_3. Dann ist bei Orthogonalität beider Koordinatensysteme:

$$dx_1^2 + dx_2^2 + dx_3^2 = \sum_i g_{ii} d\xi_i^2; \qquad i = 1, 2, 3$$

mit

$$g_{ii} = \left(\frac{\partial x_1}{\partial \xi_i}\right)^2 + \left(\frac{\partial x_2}{\partial \xi_i}\right)^2 + \left(\frac{\partial x_3}{\partial \xi_i}\right)^2.$$

Mit diesen Ausdrücken geht man sodann ein in die Formel:

$$\frac{\partial^2 u}{\partial x_1^2} + \frac{\partial^2 u}{\partial x_2^2} + \frac{\partial^2 u}{\partial x_3^2} = \frac{1}{\sqrt{g_{11} \cdot g_{22} \cdot g_{33}}} \left\{ \frac{\partial}{\partial \xi_1} \left(\frac{\partial u}{\partial \xi_1} \cdot \frac{\sqrt{g_{22} g_{33}}}{g_{11}} \right) \right.$$
$$\left. + \frac{\partial}{\partial \xi_2} \left(\frac{\partial u}{\partial \xi_2} \frac{\sqrt{g_{11} g_{33}}}{g_{22}} \right) + \frac{\partial}{\partial \xi_3} \left(\frac{\partial u}{\partial \xi_3} \frac{\sqrt{g_{11} g_{22}}}{g_{33}} \right) \right\}.$$

Man erspart hierdurch die mühselige Umrechnung der zweiten Differentialquotienten und kann sich mit jener der ersten begnügen.

Das Raumelement in den neuen Koordinaten ist:

$$\sqrt{g_{11} g_{22} g_{33}} \, d\xi_1 d\xi_2 d\xi_3.$$

---

[1] Die kursiven Ziffern beziehen sich auf das Literaturverzeichnis am Schluß des Buches.

a) Gestrecktes Rotationsellipsoid (78, S. 163).

Die größte Achse liege in der x-Achse des Cartesischen Koordinatensystems. Dann können die neuen Koordinaten eingeführt werden durch:

$$x = c \cos \Theta \mathfrak{Cof} \eta = c \mu \xi;$$
$$y = c \sin \Theta \mathfrak{Sin} \eta \sin \varphi = c (1 - \mu^2)^{\frac{1}{2}} (\xi^2 - 1)^{\frac{1}{2}} \sin \varphi;$$
$$z = c \sin \Theta \mathfrak{Sin} \eta \cos \varphi = c (1 - \mu^2)^{\frac{1}{2}} (\xi^2 - 1)^{\frac{1}{2}} \cos \varphi.$$

Die Flächen $\xi =$ const sind konfokale Rotationsellipsoide mit den Brennpunkten $y = 0$, $z = 0$, $x = \pm c$; die Flächen $\mu =$ const zweischalige Rotationshyperboloide mit eben diesen Brennpunkten. Die Werte von ξ variieren zwischen 1 und ∞. Im ersten Fall reduziert sich das Rotationsellipsoid auf die Verbindungslinie der Brennpunkte; im zweiten Fall erhält man, unter der Bedingung, daß c gleichzeitig nach Null geht, derart, daß $\lim c \xi \to r$ endlich bleibt, eine Kugel vom Radius r. Die Größe μ liegt nach obigem stets zwischen -1 und $+1$.

Die Transformationsrechnung auf diese neuen Koordinaten schreiben wir nicht im einzelnen an. Das Ergebnis lautet:

(1) $\quad \begin{cases} \dfrac{\partial}{\partial \mu}\left\{(1 - \mu^2) \dfrac{\partial u}{\partial \mu}\right\} + \dfrac{\partial}{\partial \xi}\left\{(\xi^2 - 1) \dfrac{\partial u}{\partial \xi}\right\} + \left(\dfrac{1}{1 - \mu^2} + \dfrac{1}{\xi^2 - 1}\right) \dfrac{\partial^2 u}{\partial \varphi^2} \\ + k^2 c^2 (\xi^2 - \mu^2) u = 0. \end{cases}$

Nach BERNOULLI separieren wir:

$$u = M(\mu) \cdot X(\xi) \cdot \Phi(\varphi)$$

und erhalten:

(2a) $\quad \dfrac{d^2 \Phi}{d \varphi^2} = -m^2 \Phi;$

(2b) $\quad \dfrac{d}{d \mu}\left\{(1 - \mu^2) \dfrac{d M}{d \mu}\right\} + M\left(\dfrac{-m^2}{1 - \mu^2} - k^2 c^2 \mu^2 + \Lambda\right) = 0;$

(2c) $\quad -\dfrac{d}{d \xi}\left\{(\xi^2 - 1) \dfrac{d X}{d \xi}\right\} + X\left(\dfrac{-m^2}{1 - \xi^2} - k^2 c^2 \xi^2 + \Lambda\right) = 0.$

Hierbei sind m^2 und Λ Konstante, deren Wahl wir im Abschnitt IV behandeln.

Mit der Lösung der LAMÉschen Differentialgleichungen (2b) und (2c) für den vorliegenden Fall werden wir uns an anderer Stelle befassen. Wir werden hier zeigen, daß diese Gleichungen in zwei Fällen: 1. für $k = 0$, d. h. für Potentialaufgaben (LAPLACEsche Gleichung); 2. für den obenerwähnten Grenzfall einer Kugel, auf einfach lösbare Differentialgleichungen führen.

Tatsächlich entsteht im Fall 1 aus (2b) und (2c), die ja identisch sind, die Differentialgleichung der LEGENDREschen Polynome höherer Ordnung [zugeordneten oder abgeleiteten LEGENDREschen Polynome (20, S. 260)]:

(3) $\quad \dfrac{d}{d x}\left\{(1 - x^2) \dfrac{d P}{d x}\right\} + P\left(\dfrac{-m^2}{1 - x^2} + \Lambda\right) = 0.$

Im zweiten Falle geht (2b), da μ endlich bleibt und c verschwindet, wieder in (3) über. Dagegen ergibt sich aus (2c) die Differentialgleichung:

(4) $$\frac{d}{dr}\left(r^2 \frac{dX}{dr}\right) + X(k^2 r^2 - \Lambda) = 0,$$

wobei r den radialen Abstand vom Ursprung des Cartesischen Koordinatensystems bezeichnet. Die Lösung von (4) lautet bekanntlich (20, S. 263):

$$\frac{Z_{n+\frac{1}{2}}(kr)}{\sqrt{r}},$$

wobei Z eine BESSELsche oder HANKELsche Funktion ist und $\Lambda = n(n+1)$ gesetzt wurde.

b) Abgeplattetes Rotationsellipsoid (78, S. 167).

Hier lassen wir die kleinste Ellipsoidachse mit der x-Achse des Cartesischen Systems zusammenfallen:

$$x = c \cos\Theta \operatorname{\mathfrak{Sin}}\eta = c\mu\xi;$$
$$y = c \sin\Theta \operatorname{\mathfrak{Cos}}\eta \sin\varphi = c(1-\mu^2)^{\frac{1}{2}}(\xi^2+1)^{\frac{1}{2}}\sin\varphi;$$
$$z = c \sin\Theta \operatorname{\mathfrak{Cos}}\eta \cos\varphi = c(1-\mu^2)^{\frac{1}{2}}(\xi^2+1)^{\frac{1}{2}}\cos\varphi.$$

Wie im vorigen Fall liegt μ zwischen -1 und $+1$; dagegen variiert ξ jetzt zwischen 0 und ∞. Im ersteren Fall ist unser abgeplattetes Rotationsellipsoid zu einem Kreisplättchen in der yz-Ebene zusammengeschrumpft. Die konfokalen Ellipsoide $\xi = $ const und einschaligen Hyperboloide $\mu = $ const haben den gemeinsamen Fokalkreis $z = 0$; $x^2 + y^2 = c^2$.

Die Wellengleichung lautet in diesen Koordinaten:

(1) $$\left\{ \begin{array}{l} \dfrac{\partial}{\partial \mu}\left\{(1-\mu^2)\dfrac{\partial u}{\partial \mu}\right\} + \dfrac{\partial}{\partial \xi}\left\{(\xi^2+1)\dfrac{\partial u}{\partial \xi}\right\} + \dfrac{\partial^2 u}{\partial \varphi^2}\left(\dfrac{1}{1-\mu^2} - \dfrac{1}{\xi^2+1}\right) \\ \qquad + k^2 c^2 (\xi^2 + \mu^2) u = 0 \end{array} \right.$$

und geht durch die Separation:

$$u = X(\xi) M(\mu) \Phi(\varphi)$$

über in:

(2a) $$\frac{d^2\Phi}{d\varphi^2} = -m^2 \Phi;$$

(2b) $$\frac{d}{d\mu}\left\{(1-\mu^2)\frac{dM}{d\mu}\right\} + M\left(\frac{-m^2}{1-\mu^2} + k^2 c^2 \mu^2 + \Lambda\right) = 0;$$

(2c) $$\frac{d}{d\xi}\left\{(\xi^2+1)\frac{dX}{d\xi}\right\} + X\left(\frac{m^2}{\xi^2+1} + k^2 c^2 \xi^2 - \Lambda\right) = 0.$$

Hierbei sind, wie im vorigen Abschnitt, m^2 und Λ später zu bestimmende Separationskonstante.

Im Fall $k = 0$, also bei Potentialaufgaben, geht (2b) über in die Gleichung der LEGENDREschen Polynome höherer Ordnung. Die Differentialgleichung (2c) geht in diesem Grenzfall in eine einfachere, leicht durch Potenzreihen lösbare über. Übrigens entsteht (2c) aus (2b), indem in letzterer Gleichung μ durch $i\xi$ ersetzt wird. Im Grenzfall $c \to 0$ und $\xi \to \infty$, aber so, daß $\lim c\xi \to r$ endlich bleibt, also wenn das abgeplattete Ellipsoid in eine Kugel übergeht, entstehen aus den Gleichungen (2b) und (2c) wieder dieselben Differentialgleichungen, die im vorigen Abschnitt für diesen Grenzfall erwähnt wurden, wie durch Einsetzen leicht zu ersehen.

c) Dreiachsiges Ellipsoid (62; 63; 80; 81; 82; 42; 98; 49; 96).

Wir gehen aus von der Gleichung:

$$\frac{x^2}{\lambda^2 - a^2} + \frac{y^2}{\lambda^2 - b^2} + \frac{z^2}{\lambda^2 - c^2} - 1 = 0,$$

die eine Schar konfokaler Flächen zweiten Grades darstellt. Als Gleichung dritten Grades in λ^2 betrachtet, hat sie drei Wurzeln ϱ^2, μ^2, ν^2, die den Ungleichungen

$$\varrho^2 > a^2 > \mu^2 > b^2 > \nu^2 > c^2$$

genügen sollen. Die Fläche $\varrho^2 = $ const stellt ein Ellipsoid, $\mu^2 = $ const ein einschaliges und $\nu^2 = $ const ein zweischaliges Hyperboloid dar. Wir betrachten fernerhin, um Mehrdeutigkeit auszuschließen, nur Punkte x, y, z in *einem* Raumoktanten. Dann gehört zu jedem Wertetripel ϱ, ν, μ ein Punkt in diesem Oktanten als Schnittpunkt der drei aufgezählten Flächen zweiten Grades. Wir haben (*109*, S. 114; *2*, S. 119):

$$x^2 = \frac{(\varrho^2 - a^2)(\mu^2 - a^2)(\nu^2 - a^2)}{(a^2 - b^2)(a^2 - c^2)};$$

$$y^2 = \frac{(\varrho^2 - b^2)(\mu^2 - b^2)(\nu^2 - b^2)}{(b^2 - a^2)(b^2 - c^2)};$$

$$z^2 = \frac{(\varrho^2 - c^2)(\mu^2 - c^2)(\nu^2 - c^2)}{(c^2 - a^2)(c^2 - b^2)}.$$

Bei festgelegtem Oktanten ist das Vorzeichen der Wurzeln für x, y und z eindeutig.

Auf die neuen elliptischen Koordinaten transformiert, schreibt sich die Wellengleichung:

(1) $\quad \dfrac{1}{\alpha\beta\gamma}\left\{\dfrac{\partial}{\partial\varrho}\left(\dfrac{\beta\gamma}{\alpha}\dfrac{\partial u}{\partial\varrho}\right) + \dfrac{\partial}{\partial\mu}\left(\dfrac{\gamma\alpha}{\beta}\dfrac{\partial u}{\partial\mu}\right) + \dfrac{\partial}{\partial\nu}\left(\dfrac{\alpha\beta}{\gamma}\dfrac{\partial u}{\partial\nu}\right)\right\} + k^2 u = 0$

mit

$$-(\mu^2 - \nu^2)\alpha^2 = \frac{(\varrho^2 - \mu^2)(\mu^2 - \nu^2)(\nu^2 - \varrho^2)}{(\varrho^2 - a^2)(\varrho^2 - b^2)(\varrho^2 - c^2)} \cdot \varrho^2;$$

$$-(\nu^2 - \varrho^2)\beta^2 = \frac{(\varrho^2 - \mu^2)(\mu^2 - \nu^2)(\nu^2 - \varrho^2)}{(\mu^2 - a^2)(\mu^2 - b^2)(\mu^2 - c^2)} \cdot \mu^2;$$

$$-(\varrho^2 - \mu^2)\gamma^2 = \frac{(\varrho^2 - \mu^2)(\mu^2 - \nu^2)(\nu^2 - \varrho^2)}{(\nu^2 - a^2)(\nu^2 - b^2)(\nu^2 - c^2)} \cdot \nu^2.$$

Nach Multiplikation mit $\alpha\beta\gamma$ und darauf mit ABC (vgl. unten) läßt sich (1) auf die Form:

(2) $\quad \sum (\mu^2 - \nu^2) A \frac{\partial}{\partial \varrho}\left(A \frac{\partial u}{\partial \varrho}\right) = H(\varrho^2 - \mu^2)(\mu^2 - \nu^2)(\nu^2 - \varrho^2) u$

bringen, mit
$$A^2 \varrho^2 = (\varrho^2 - a^2)(\varrho^2 - b^2)(\varrho^2 - c^2);$$
$$B^2 \mu^2 = (\mu^2 - a^2)(\mu^2 - b^2)(\mu^2 - c^2);$$
$$C^2 \nu^2 = (\nu^2 - a^2)(\nu^2 - b^2)(\nu^2 - c^2);$$
$$H = k^2,$$

wobei $\sum$ zyklische Permutation von ϱ, μ, ν und darauffolgende Summierung andeutet.

Um (2) zu separieren:
$$u = R(\varrho) M(\mu) N(\nu),$$
halten wir zunächst μ und ν konstant; darauf ϱ und ν und schließlich ϱ und μ. Wir erhalten die Gleichungen (*106*, S. 134, Gleichung 42):

(3 a) $\quad A \frac{d}{d\varrho}\left(A \frac{dR}{d\varrho}\right) + (H \varrho^4 + K \varrho^2 + L) R = 0;$

(3 b) $\quad B \frac{d}{d\mu}\left(B \frac{dM}{d\mu}\right) + (H \mu^4 + K \mu^2 + L) M = 0;$

(3 c) $\quad C \frac{d}{d\nu}\left(C \frac{dN}{d\nu}\right) + (H \nu^4 + K \nu^2 + L) N = 0.$

[Eine einfache Überlegung zu dieser Ableitung, insbesondere zur Tatsache, daß HKL in den drei Gleichungen dieselben Konstanten sein müssen, findet man bei F. MÖGLICH: Ann. Physik Bd. 83 (1927) S. 627.]

Daß das System von Differentialgleichungen (3) tatsächlich auf (2) führt, sieht man, wenn (3a) mit $(\mu^2 - \nu^2) MN$, (3b) mit $(\nu^2 - \varrho^2) RN$ und (3c) mit $(\varrho^2 - \mu^2) RM$ multipliziert werden; darauf addieren und Gebrauch machen von den Identitäten:
$$L\{(\mu^2 - \nu^2) + (\nu^2 - \varrho^2) + (\varrho^2 - \mu^2)\} = 0;$$
$$K\{\varrho^2(\mu^2 - \nu^2) + \mu^2(\nu^2 - \varrho^2) + \nu^2(\varrho^2 - \mu^2)\} = 0.$$

Hiermit haben wir die LAMÉschen Differentialgleichungen in ihrer allgemeinsten Form gewonnen.

d) Elliptischer Zylinder.

Die Zylinderachse falle mit der z-Achse zusammen. Dann lauten die Koordinatentransformationsformeln:

(1) $\quad \begin{cases} x = c \operatorname{\mathfrak{Cof}} \xi \cos \eta; \\ y = c \operatorname{\mathfrak{Sin}} \xi \sin \eta. \end{cases}$

Hierbei ist c die lineare Exzentrizität der Querschnittsellipse; η läuft von $-\pi$ bis $+\pi$; ξ von 0 bis ∞. Im Grenzfall $\xi \to \infty$ und gleichzeitig

$c \to 0$, derart, daß $\tfrac{1}{2}c \cdot e^\xi \to r$ (endlich), entstehen die gewöhnlichen Zylinderkoordinaten:
$$x = r \cos\varphi;$$
$$y = r \sin\varphi.$$

Mit Hilfe von (1) transformiert sich die „zweidimensionale" Wellengleichung
$$\frac{\partial^2 u}{\partial x^2} + \frac{\partial^2 u}{\partial y^2} + k^2 u = 0$$
auf:
$$\frac{\partial^2 u}{\partial \xi^2} + \frac{\partial^2 u}{\partial \eta^2} = -u \cdot 2h^2 \{\mathfrak{Cof}\, 2\xi - \cos 2\eta\}; \quad 2h^2 = k^2 \frac{c^2}{2},$$
welche Gleichung durch die Separation:
$$u = \Xi(\xi)\, H(\eta)$$
übergeht in die zwei gewöhnlichen Differentialgleichungen:

(2 a) $\qquad \dfrac{d^2 \Xi}{d\xi^2} + \Xi(-\Lambda + 2h^2 \mathfrak{Cof}\, 2\xi) = 0;$

(2 b) $\qquad \dfrac{d^2 H}{d\eta^2} + H(\Lambda - 2h^2 \cos 2\eta) = 0.$

Die Wahl der Separationskonstanten Λ werden wir später behandeln. Man bemerkt sofort, daß (2a) aus (2b) hervorgeht, wenn man in der letzteren Gleichung η durch $i\xi\,(i = \sqrt{-1})$ ersetzt. Wir werden daher die *beiden* Gleichungen MATHIEUsche Differentialgleichungen nennen. Im obenerwähnten Grenzfall der Zylinderkoordinaten ist $h = 0$, und gehen die MATHIEUschen Differentialgleichungen in jene der BESSELschen bzw. der Exponentialfunktion über (vgl. III, 6b).

e) Bemerkung über die Benennung „LAMÉsche" bzw. „MATHIEUsche" Differentialgleichung.

Die Differentialgleichungen (2) und (3) aus Abschnitt I, 1c mit $k^2 = 0$ wurden zuerst von G. LAMÉ [J. math. (Liouville) Bd. 2 (1837) S. 147—183] erhalten, daher die Benennung. Die Differentialgleichungen mit $k \neq 0$, also die *Wellengleichungen*, wurden bisher wenig beachtet. Da sie vom gleichen Typus wie jene mit $k = 0$ sind, nennen wir sie auch LAMÉsche Gleichungen, die Lösungen LAMÉsche Funktionen. Man beachte aber, daß in der Literatur durchweg unter diesen Namen Gleichungen und Funktionen verstanden werden, wobei $k = 0$ ist. Wir verwenden zur Unterscheidung die Namen „LAMÉsche Potentialfunktionen" und „LAMÉsche Wellenfunktionen". Auch in den rotationssymmetrischen Fällen der Abschnitte I, 1a und I, 1b werden wir immer von LAMÉschen Gleichungen und Funktionen sprechen, soweit (z. B. für $k = 0$) nicht als Sonderfälle Kugelfunktionen herauskommen. Die Gleichungen (2) aus Abschnitt I, 1d wurden von E. MATHIEU zuerst erhalten [J. de Liouville (2) Bd. 13 (1868) S. 137—203] und durch Reihen gelöst.

2. Wellenmechanische Probleme.

LAMÉsche, MATHIEUsche und verwandte Differentialgleichungen treten in der Wellenmechanik in zweifacher Weise auf. Erstens in gleicher Weise wie bei allen Wellenausbreitungsaufgaben in Medien periodischer Struktur; insbesondere hier bei der Berechnung der Bewegung von Elektronen in Atomgittern. Zweitens bei der Quantelung des asymmetrischen Kreisels.

a) Elektronenbewegung im eindimensionalen Atomgitter.

Die eindimensionale Bewegung eines Elektrons mit der kinetischen Energie T wird in der Wellenmechanik beschrieben durch die Differentialgleichung (*118*, S. 42)

$$\frac{d^2\psi}{dx^2} + \frac{8\pi^2 m}{h^2} T\psi = 0.$$

(h PLANCKsche Konstante; m Elektronenmasse).

Nimmt man an, die *gesamte* Energie des Elektrons E kann feste konstante Werte annehmen, während die potentielle Energie V durch das Feld der zunächst ruhend gedachten Gitteratomreste gegeben ist, so wird $T = E - V$. Das Feld der Gitteratome ist periodisch; folglich ist die Funktion V ebenfalls periodisch mit der Grundperiode gleich dem doppelten Abstande zweier Nachbaratome. Bei geeigneter Wahl der Längeneinheit x wird die Differentialgleichung (*130; 7; 8; 9; 10; 99; 76; 77; 137; 14*)

(1) $$\frac{d^2\psi}{dx^2} + (A - \Phi)\psi = 0.$$

In Gleichung (1) ist Φ eine periodische Funktion von x mit der Grundperiode 2π und A eine Konstante. Wir haben hier eine Differentialgleichung vor uns von allgemeinerem Typus als jene von LAMÉ und MATHIEU. Der letztgenannte Typus entsteht bei $\Phi = a \cos x$. Wir werden Gleichungen vom Typus (1) nach G. W. HILL (*46*) benennen (vgl. II).

Bemerkt sei hier, daß Gleichungen vom Typus (1) bei allen eindimensionalen Wellenfortpflanzungsvorgängen in periodischen Medien auftreten; im Wesen haben wir es ja auch oben mit einem solchen Vorgang zu tun: mit der Fortpflanzung der Elektronenwellen im Atomgitter. Praktisch wichtig ist die Fortpflanzung elektromagnetischer Wellen entlang Leitern periodischer Struktur (*113; 12; 105; 136*); die Gleichung (1) enthält die Theorie der sog. Wellensiebe oder Kettenleiter. Als einen Sonderfall solcher Wellenfortpflanzungsvorgänge kann man auch die Eigenschwingungen von Saiten (*127a*) periodischer Struktur betrachten, die ebenfalls durch Gleichung (1) beschrieben werden.

b) Quantelung des asymmetrischen Kreisels (*60; 61; 73; 74; 75*).

Nach E. SCHRÖDINGER kann die Wellengleichung des asymmetrischen Kreisels folgendermaßen erhalten werden. Die Wellengleichung lautet in x, y, z:

$$\frac{\partial^2 \Psi}{\partial x^2} + \frac{\partial^2 \Psi}{\partial y^2} + \frac{\partial^2 \Psi}{\partial z^2} + \frac{8\pi^2 E}{h^2} \Psi = 0,$$

wobei E die Energie in den stationären Zuständen und h die PLANCKsche Konstante bezeichnen. Auf neue Koordinaten transformiert, erhält diese Wellengleichung die in I, 1 angegebene Form. Führen wir elliptische Kugelflächenkoordinaten μ, ν ein:

$$a \geq \mu \geq b \geq \nu \geq c,$$

wobei $1/a$, $1/b$ und $1/c$ die Trägheitsmomente des Kreisels sind, so erhält man nach der Separation

$$\Psi(\mu\nu) = M(\mu) \cdot N(\nu)$$

für M und N die Differentialgleichungen

$$\sqrt{-4f(\mu)}\,\frac{d}{d\mu}\left(\sqrt{-4f}\,\frac{dM}{d\mu}\right) = \left(-\frac{8\pi^2 E}{h^2} + L\mu\right)M;$$

$$\sqrt{-4f(\nu)}\,\frac{d}{d\nu}\left(\sqrt{-4f}\,\frac{dN}{d\nu}\right) = \left(+\frac{8\pi^2 E}{h^2} - L\nu\right)N$$

mit $f(\nu) = (a - \nu)(b - \nu)(c - \nu)$.

Man wird bemerken, daß diese Gleichungen vom gleichen Typus sind wie die Gleichungen (3a), (3b), (3c) von I, 1c, wenn man dort $H = 0$ setzt, a^2, b^2 und c^2 durch a, b, c und μ^2, ν^2 durch μ, ν ersetzt. Die Bestimmung von L und E ist ein Problem, das durch die Theorie der LAMÉschen Potentialgleichung erledigt wird (vgl. VII, 2).

3. Hydrodynamische Probleme.

Die als hydrodynamisch zu bezeichnenden Probleme, welche auf Differentialgleichungen vom LAMÉschen, MATHIEUschen oder noch allgemeiner vom HILLschen Typus führen, können in drei Gruppen eingeteilt werden. Die erste umfaßt die Bewegung von Ellipsoiden und elliptischen Zylindern in idealen Flüssigkeiten (*78*). Nahe verwandt sind Fragen nach dem magnetischen bzw. elektrischen Feld in der Umgebung von leitenden bzw. magnetisierbaren Körpern dieser Gestalt (*29*; S. 357, *128*; *133*; *134*). Die zweite, in der Kosmogonie breiten Raum einnehmende Problemgruppe, befaßt sich mit der Gestalt und dem Gleichgewicht ruhender oder rotierender, ganz oder teilweise flüssiger Himmelskörper, deren Teilchen sich nach dem NEWTONschen Gesetze anziehen (*78; 65; 83; 84; 2; 109*). Die dritte Problemgruppe endlich fällt in weitem Maße zusammen mit den im Abschnitt I, 1 gestreiften Problemen. Sie umfaßt die Wellenausbreitung in idealen flüssigen (bzw. gasförmigen) Mitteln (*78; 115*, II), z. B. Schallerzeugung durch eine starre „ebene", frei schwingende Kreisplatte in einer unendlichen umgebenden Atmosphäre (V, 3). Nahe verwandt mit dieser letzten Problemgruppe sind Untersuchungen über die Ausbreitung elektromagnetischer Wellen, wobei vorteilhafterweise elliptische Koordinaten eingeführt werden können (vergl. V und VI). Schließlich auch die Eigenschwingungen von Wasser in Kanälen elliptischer Form (*78; 69; 35*).

a) Bewegung von Ellipsoiden und elliptischen Zylindern in idealen Flüssigkeiten.

Bei der Berechnung der Bewegung idealer Flüssigkeiten pflegt man eine Potentialfunktion einzuführen, von der die Geschwindigkeit in jedem Punkte durch Gradientenbildung abgeleitet werden kann. Man erreicht so den Vorteil, von einem Vektorproblem (der Geschwindigkeiten) zu einem skalaren zu gelangen. Das Geschwindigkeitspotential genügt bei *stationärer* Bewegung der LAPLACEschen Potentialgleichung:

$$\frac{\partial^2 \Phi}{\partial x^2} + \frac{\partial^2 \Phi}{\partial y^2} + \frac{\partial^2 \Phi}{\partial z^2} = 0.$$

Hat man es mit der Bewegung von Ellipsoiden oder elliptischen Zylindern zu tun, so wird man zweckmäßig diese Gleichung auf elliptische Koordinaten transformieren. Die diesbezüglichen Formeln findet man in den Abschnitten I, 1 zusammengestellt, wo nur $k^2 = 0$ zu setzen ist. Erwähnt sei, daß auch z. B. die Strömung einer Flüssigkeit durch eine kreisförmige oder elliptische Öffnung in einer unendlich großen ebenen Wand hierher gehört (V, 1c).

Die Lösung dieser hydrodynamischen Probleme ist auch auf einige elektrische und magnetische Aufgaben direkt anwendbar. Wir erwähnen: die Polarisation auf einem leitenden Ellipsoid in einem äußeren, ursprünglich homogenen elektrischen Felde; der Verlauf der magnetischen Kraftlinien eines ursprünglich homogenen äußeren Feldes um ein Ellipsoid unendlich großer Permeabilität; die Abschirmung eines homogenen elektrischen Feldes durch eine dünne ebene leitende Platte mit einer Kreisöffnung usw.

b) Gleichgewichtsfiguren von Flüssigkeitsmassen.

Das Potential V im Innern eines Ellipsoides von homogenem Bau kann mit Hilfe von LAMÉschen Funktionen berechnet werden. Wenn das Ellipsoid um die x-Achse mit der Winkelgeschwindigkeit ω rotiert, muß die Ellipsoidoberfläche der Gleichung

$$V + \tfrac{1}{2}\omega^2 (y^2 - z^2) = \text{const}$$

genügen. Lösungen dieser Gleichung sind jene Oberflächen, wobei die Flüssigkeitsmasse sich im Gleichgewicht befindet. H. POINCARÉ hat untersucht, bei welchen kleinen Störungen die so erhaltenen Oberflächen noch stabil sind. Hierbei werden LAMÉsche Potentialfunktionen verwendet.

J. H. JEANS vermeidet den Gebrauch der LAMÉschen Funktionen und benutzt rechtwinklige Koordinaten.

Da diese Anwendungen der LAMÉschen Gleichung der Astronomie und Kosmogonie angehören, werden wir ihrer hier keine weitere Erwähnung tun und nur auf die einschlägige Literatur verweisen (*2; 109; 65*).

c) **Eigenschwingungen des Wassers in einem elliptischen Becken.**

Wir betrachten ein Wasserbecken (*78; 111*, III) konstanter Wassertiefe D mit elliptischer Begrenzung. Die Begrenzungsellipse liege wie eine der konfokalen Ellipsen von (I, 1, d) mit $\xi = \xi_0$. Es sei ζ die örtliche Erhebung des Wasserspiegels über dem Gleichgewichtsstande, ω die Winkelgeschwindigkeit der Erdrotation an der Stelle des Beckens, g die Schwerkraftbeschleunigung, t die Zeit. Dann läßt sich für ζ die Gleichung (*78*, S. 329, Gl. 3)

$$(1) \qquad \frac{\partial^2 \zeta}{\partial x^2} + \frac{\partial^2 \zeta}{\partial y^2} - \frac{4\omega^2}{gD}\zeta = \frac{1}{gD}\frac{\partial^2 \zeta}{\partial t^2}$$

ableiten. Diese Differentialgleichung liefert durch den Ansatz $\zeta = u(x, y)e^{i\sigma t}$ und Transformation auf elliptische Koordinaten nach I, 1d offenbar zwei MATHIEUsche Differentialgleichungen.

4. Mechanische und elektrische Anfangswertprobleme.

Differentialgleichungen vom HILLschen Typus und als Sonderfälle auch die Typen von LAMÉ und MATHIEU treten in manchen einfachen Problemen der Mechanik auf. Wir werden hier insbesondere *Anfangswertaufgaben* betrachten, d. h. Aufgaben, bei denen der Zustand zu einer gewissen Zeit vorgegeben ist und wobei dann verlangt wird, die Bewegung für alle späteren Zeitpunkte zu bestimmen. Insbesondere ist dabei die Frage interessant, ob die Bewegung stabil, d. h. die Amplituden für alle Zeiten begrenzt, oder aber labil ist, d. h. auf immer und theoretisch unbegrenzt wachsende Amplituden führt. Wie wir jetzt zeigen werden, kann man bei solchen mechanischen (oder auch elektrischen) Anfangswertptoblemen der Herkunft nach zwei Typen unterscheiden; der erste entstammt der *Bewegung in einem periodisch mit der Zeit veränderlichen Kraftfeld*; der zweite rührt her aus der *Theorie der nichtlinearen Schwingungen*.

a) **Bewegung eines Massenpunktes in einem periodisch mit der Zeit veränderlichen Kraftfeld.**

Eine Masse m bewege sich unter dem Einfluß einer Kraft K:

$$m\frac{d^2 x}{dt^2} = K.$$

Wir nehmen nun an, die Kraft K sei proportional zu $-x$ und außerdem eine periodische Funktion der Zeit. Hierdurch kommen wir zur Differentialgleichung

$$(1) \qquad \frac{d^2 x}{dt^2} + \frac{1}{m}(a + \Phi(t))x = 0,$$

wobei Φ periodisch von t abhängt. Physikalisch ($\overline{140;}$ $\overline{141;}$ $125;$ $122;$ $48;$ $40;$ $41;$ $120;$ $97;$ $101;$ $25;$ $21;$ $113;$ 115, I, S. 82) ist der gerade besprochene Fall z. B. realisiert bei einem Pendel, d. h. bei einer Masse, die mit Hilfe eines (masselosen) starren Stabes an einem Stützpunkt befestigt ist. Die Masse kann sich sowohl über dem Stützpunkt (a negativ) als unterhalb desselben (a positiv) befinden. Das periodische Kraftfeld kann realisiert werden durch eine kleine auf- und abwärts gerichtete periodische Bewegung des Stützpunktes. Man kann leicht eine ähnlich funktionierende Vorrichtung mit einem kleinen Magneten in einem periodisch fluktuierenden Magnetfeld erdenken, wobei ebenfalls die Gleichung (1) herauskommt (*121*, S. 634). Übrigens beschreibt diese Gleichung auch die Bewegung jedes Punktes einer Saite, deren Spannung periodisch variiert (*113; 125*).

Die Bewegung des Mondes um die Erde unter dem Sekundäreinfluß der Sonne (*110; 111*) kann auch als Bewegung in einem periodisch veränderlichen Kraftfeld betrachtet werden. Tatsächlich führt die Berechnung der Bewegung vom Perigäum der Mondbahn auf Gleichung (1) (*46*).

b) Elektrizitätsbewegung in einem Schwingungskreis, dessen Elemente periodisch mit der Zeit veränderlich sind.

Was im vorigen Abschnitt über die Bewegung eines Massenpunktes gesagt wurde, kann leicht auf die Elektrizitätsbewegung in einem Schwingungskreis übertragen werden. Die Ladung Q eines Kondensators der Kapazität C, der über einen Widerstand R und eine Selbstinduktion L geschlossen ist, hängt von der Zeit t ab durch die Gleichung:

$$L \frac{d^2 Q}{dt^2} + R \frac{dQ}{dt} + \frac{1}{C} Q = 0.$$

Sobald eine der Größen L, C oder R sich periodisch mit der Zeit t verändert, haben wir hier eine Differentialgleichung vor uns, die durch einen einfachen Kunstgriff auf den Typus von HILL gebracht werden kann (Fortschaffen des Gliedes mit dQ/dt). In speziellen Fällen erhält man Gleichungen vom Typus LAMÉ oder MATHIEU, letzteres z. B. mit

$$R = 0,$$
$$C = C_0 + C_1 \sin \omega t; \qquad C_1 \ll C_0.$$

Stromkreise, deren Selbstinduktion, Kapazität oder Widerstand periodisch mit der Zeit variieren, kommen viel vor, z. B. Dynamomaschinen, kapazitiv modulierte Heultonerzeuger (*18; 3; 5*), Tirillspannungsregler. Die Fragestellung ist bei jedem dieser Probleme wieder eine andere. Die Frage der Stabilität oder Labilität des Stromkreises spielt bei Dynamomaschinen und Regler eine Rolle. Bei der C-Veränderung (*113*, S. 10; *27*) will man zumeist die Zeitabhängigkeit der Ladung Q wissen.

c) Stabilitätsuntersuchung nichtlinearer Schwingungsvorgänge.

Auf Anfangswertprobleme mit Differentialgleichungen vom HILLschen, LAMÉschen oder MATHIEUschen Typus führt die Untersuchung der Stabilität gewisser nichtlinearer Schwingungsvorgänge z. B. in folgender Weise (*26; 91; 85*): Ein Schwingungskreis mit nichtlinearer Elastizität werde von einer sinusförmig von der Zeit abhängenden Kraft angetrieben:

$$\frac{d^2x}{dt^2} + \alpha x - \gamma x^3 = k \sin \omega t.$$

Die Lösung sei $x(t)$. Wir nehmen eine benachbarte Lösung

$$x(t) + z(t); \quad |z| \ll |x|.$$

an. Es genügt dann $z(t)$ in erster Näherung der Differentialgleichung

(1) $$\frac{d^2z}{dt^2} + (\alpha - 3\gamma x^3) z = 0$$

Denkt man sich die Lösung x in eine Fourierreihe entwickelt:

$$x = a_1 \sin \omega t + a_3 \sin 3\omega t + \cdots,$$

so kommt offenbar (1) auf eine Gleichung mit periodischem Koeffizienten, also vom HILLschen Typus, hinaus. Die Stabilitätsfrage der nichtlinearen Lösung x kann durch Untersuchung dieser HILLschen Gleichung beantwortet werden.

II. HILLsche Differentialgleichung.
(*46; 151*, S. 414).

1. Die Differentialgleichungen der mathematischen Physik als Sonderfälle der HILLschen Gleichung.

Wir behandeln im vorliegenden Abschnitt eine Differentialgleichung:

(1) $$\frac{d^2u}{dx^2} + (\lambda + \Phi(x)) u = 0,$$

worin λ ein Parameter und Φ eine periodische Funktion von x ist, deren Periode wir 2π setzen. Diese Differentialgleichung wurde von G. W. HILL (*46*) behandelt anläßlich der Mondbahnberechnung. Die Differentialgleichung (1) enthält als Sonderfall jene von MATHIEU. Im Abschnitt IV, 1a und IV, 6 zeigen wir, daß auch die verschiedenen, im Abschnitt I erwähnten LAMÉschen Differentialgleichungen Sonderfälle von (1) sind.

Unser Ziel ist, zu zeigen, daß die Gleichung (1) die folgenden Differentialgleichungen der mathematischen Physik als Sonderfälle enthält:

1. die Differentialgleichungen der einfachen und der zugeordneten (abgeleiteten) LEGENDREschen Polynome;

2. die konfluente hypergeometrische Differentialgleichung mit den Gleichungen von BESSEL, STOKES, LAGUERRE, HERMITE und SCHRÖDINGER als Sonderfällen.

a) Die Differentialgleichung der LEGENDREschen Polynome.

Diese Gleichung lautet [*116*, I, S. 309 (14)]:

$$\frac{1}{\sin x}\frac{d}{dx}\left(\sin x \frac{dz}{dx}\right) - \frac{h^2 z}{\sin^2 x} + \lambda z = 0$$

und geht mit:

$$z = u e^{-\frac{1}{2}\int^x \cot g x \cdot dx} = u/\sqrt{\sin x}$$

über in:

$$\frac{d^2 u}{dx^2} + \left(\lambda - \frac{h^2 - \frac{1}{4}}{\sin^2 x} - \frac{1}{4}\cot g^2 x\right) u = 0.$$

Dies ist offenbar eine HILLsche Differentialgleichung.

b) Die konfluente hypergeometrische Differentialgleichung.

Diese Gleichung [*151*, S. 337 (B)]:

(1) $$\frac{d^2 w}{dz^2} + \left(l + \frac{k}{z} + \frac{\frac{1}{4} + \lambda}{z^2}\right) w = 0,$$

k und l Konstante, kann als Verallgemeinerung der Differentialgleichungen von BESSEL, STOKES, LAGUERRE (*20*, S. 261), HERMITE (*20*, S. 261) und SCHRÖDINGER [*118*, S. 3, Gl. (7)] betrachtet werden. Alle diese Gleichungen lassen sich durch einfache Transformationen auf die Form (1) bringen. Wir setzen in (1):

$$z = e^x; \qquad u e^{x/2} = w$$

und finden:

(2) $$\frac{d^2 u}{dx^2} + u(\lambda + l e^{2x} + k e^x) = 0.$$

Dies ist offenbar eine HILLsche Differentialgleichung mit der rein imaginären Periode $2\pi i$.

Vielen physikalischen und technischen Anwendungen entsprechend, werden wir uns im weiteren Inhalt dieses Abschnittes auf die Betrachtung HILLscher Differentialgleichungen mit *reellen* Veränderlichen, Funktionen, Perioden und Parametern beschränken. Der Fall komplexer Parameter und Veränderlicher hat übrigens bisher keine erschöpfende Behandlung erfahren.

2. Allgemeine Sätze über die HILLsche Differentialgleichung.

Man kann zeigen, daß es Lösungen der HILLschen Gleichung gibt, derart daß

(1) $$u(x + 2\pi) = \sigma u(x),$$

wobei σ eine im allgemeinen komplexe Konstante ist. Es ist dies das sog. FLOQUETsche Theorem (*28*).

Wenn u_1 und u_2 zwei linear unabhängige Lösungen von (1), II, 1 sind, welche durch die Bedingungen

$$u_1(0) = 1; \quad u_2(0) = 0;$$
$$u_1'(0) = 0; \quad u_2'(0) = 1$$

festgelegt werden, gilt:

(2) $\qquad \sigma^2 - \sigma\{u_1(2\pi) + u_2'(2\pi)\} + 1 = 0.$

Man kann zeigen, daß *jede* Wahl von u_1 und u_2 zu den gleichen (i. a. zwei) σ-Werten führt. Hierzu braucht man nur die neuen Funktionen u_1 und u_2 in die alten auszudrücken.

a) Labile und stabile Lösungen der HILLschen Differentialgleichung.

Wir setzen:
$$\sigma = e^{\pm 2\pi\mu}$$
und erhalten:

(1) $\qquad \mathfrak{Cof}\, 2\pi\mu = \tfrac{1}{2}\{u_1(2\pi) + u_2'(2\pi)\}.$

Man nennt μ den charakteristischen Exponenten der HILLschen Gleichung. Bei Beschränkung auf *reelle* Lösungen u_1 und u_2 folgt aus (1), daß $2\pi\mu$ nur entweder reell oder rein imaginär oder aber komplex mit einem Imaginärteil gleich $n\pi\sqrt{-1}$ (n ganze Zahl) sein kann. Den beiden möglichen Vorzeichen von μ entsprechen die zwei möglichen Werte von σ nach Gleichung (2) des vorigen Abschnittes. Offenbar ist $|\sigma| = 1$, wenn μ rein imaginär ist. Dagegen $|\sigma| \gtreqless 1$, wenn μ reell oder komplex ist. Im ersten Fall ist die Lösung der HILLschen Gleichung, sobald sie für *einen* Wert von x beschränkt ist, auch für *alle* x beschränkt. Wir werden solche Lösungen *stabil* nennen. Im zweiten Fall dagegen gibt es eine Lösung u, die, obwohl für *einen* x-Wert beschränkt gewählt, doch schließlich bei zunehmendem x im Betrag über alle Grenzen wächst. Wir werden solche Lösungen der HILLschen Gleichung *labil* nennen. Da der charakteristische Exponent nur von den Größen der HILLschen Differentialgleichung, also von λ und $\Phi(x)$ abhängt, kann man bei vorgegebener Funktion $\Phi(x)$ die λ-Werte angeben, welche bzw. zu stabilen und zu labilen Lösungen der HILLschen Gleichung Anlaß geben; wir werden kurz von stabilen bzw. labilen λ-Werten sprechen.

b) Sätze von O. HAUPT über die labilen und stabilen λ-Werte (*41*).

Die Diskriminante der quadratischen Gleichung (2) aus II, 2 für σ lautet:

(1) $\qquad \Delta \equiv F_1(\lambda) \cdot F_2(\lambda) = \{u_1(2\pi) + u_2'(2\pi) - 2\}\{u_1(2\pi) + u_2'(2\pi) + 2\}.$

Es können F_1 und F_2 nicht gleichzeitig verschwinden; wir haben für $F_1 = 0$: $\sigma = 1$ und für $F_2 = 0$: $\sigma = -1$. Lösungen, die zum erstgenannten σ-Wert gehören, nennen wir *ganzperiodisch*, Lösungen, die zum letzteren σ-Wert gehören, *halbperiodisch* (bzw. Periode 2π und 4π).

Nennen wir λ die Parameterwerte (Eigenwerte), welche zu ganz-, und $\bar\lambda$ jene, die zu halbperiodischen Lösungen gehören, so läßt sich zeigen, daß es abzählbar unendlich viele (diskrete) Eigenwerte λ und $\bar\lambda$ gibt. Wir bezeichnen sie der Reihe nach mit $\lambda_0 \lambda_1 \ldots$ bzw. $\bar\lambda_0 \bar\lambda_1 \ldots$ Das Oszillationstheorem besagt: Die Lösungen (Eigenfunktionen), welche bzw. zu λ_{2i-1} und λ_{2i} gehören, haben im Intervall $0 \leq x < 2\pi$ alle $2i$ Nullstellen; jene Eigenfunktionen, die zu $\bar\lambda_{2i-1}$ und $\bar\lambda_{2i}$ gehören, dagegen $2i-1$ Nullstellen. Folglich ist:

$$\lambda_0 < \bar\lambda_1 \leq \bar\lambda_2 < \lambda_1 \leq \lambda_2 < \cdots < \bar\lambda_{2i-1} \leq \bar\lambda_{2i} < \lambda_{2i-1} \leq \lambda_{2i}.$$

In Worten: Wenn der Parameter λ der HILLschen Gleichung alle Werte durchläuft, so folgen auf zwei halb- bzw. ganzperiodische Eigenwerte, die übrigens durch keine Eigenwerte getrennt werden, stets zwei ganz- bzw. halbperiodische Eigenwerte. Vom im Betrag kleinsten (stets ganzperiodischen) Eigenwert ist hierbei abgesehen.

Die transzendenten Gleichungen für λ: $F_1 = 0$ bzw. $F_2 = 0$ haben höchstens zweifache Nullstellen, wozu dann auch zweifache Eigenwerte gehören; F_1 und F_2 wechseln nur das Vorzeichen, wenn ein einfacher Eigenwert auftritt. Weiter ist für sehr große negative λ-Werte stets F_1 positiv und F_2 positiv (letzteres kann man aus der asymptotischen Lösung der HILLschen Gleichung schließen, vgl. Abschnitt II, 3 a). Folglich ist:

$$\left.\begin{array}{l} F_1 > 0 \quad \text{für} \quad \lambda < \lambda_0 \\ F_1 < 0 \quad ,, \quad \lambda_{2i} < \lambda < \lambda_{2i+1} \\ F_1 > 0 \quad ,, \quad \lambda_{2i+1} < \lambda < \lambda_{2i+2} \end{array}\right\} i = 0, 1, 2, 3, \ldots$$

. . . .

$$\left.\begin{array}{l} F_2 > 0 \quad \text{für} \quad \lambda < \bar\lambda_1 \\ F_2 < 0 \quad ,, \quad \bar\lambda_{2i-1} < \lambda < \bar\lambda_{2i} \\ F_2 > 0 \quad ,, \quad \bar\lambda_{2i} < \lambda < \bar\lambda_{2i+1} \end{array}\right\} i = 1, 2, 3, \ldots$$

Wenn $\lambda_{2i} = \lambda_{2i+1}$ oder $\bar\lambda_{2i-1} = \bar\lambda_{2i}$ ist, fällt die entsprechende Ungleichung fort.

Aus dem Vorhergehenden folgt:

I. Die zwei unabhängigen Lösungen der HILLschen Gleichung sind nur dann beide stabil, wenn der Parameter λ in ein eigenwertfreies Intervall der reellen λ-Achse fällt, dessen Begrenzung von zwei „ungleichartigen" (also bzw. halb- und ganzperiodischen) Eigenwerten gebildet wird. Ist einer der Grenzpunkte ein zweifacher Eigenwert, so herrscht auch hier Stabilität.

II. Es gibt eine labile Lösung, wenn a) λ kleiner als der überhaupt kleinste (übrigens stets ganzperiodische) Eigenwert λ_0 ist oder wenn b) λ in ein Intervall der reellen λ-Achse fällt, das von zwei gleichartigen (beide halb- oder beide ganzperiodischen) Eigenwerten begrenzt wird.

Im Falle des Satzes I sind *alle* Lösungen der HILLschen Gleichung stabil; dies folgt aus der Tatsache, daß die beiden μ-Werte hier konjugiert imaginär sind. Im Falle des Satzes II gibt es *eine* labile Lösung und eine stabile, denn die beiden zugehörigen μ-Werte haben Realteile mit entgegengesetztem Vorzeichen. Für die Grenzen zwischen labilen und stabilen λ-Intervallen werden wir später beweisen, daß es hier stets eine stabile und eine labile Lösung gibt. Nur im Fall, daß einer solchen

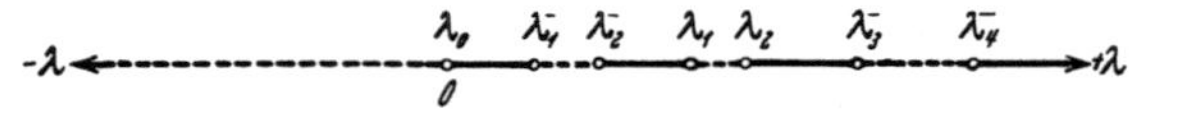

Fig. 1. Verteilung der labilen und stabilen λ-Intervalle der HILLschen Differentialgleichung auf der reellen λ-Achse. Punktierte Intervalle labil; ausgezogene Intervalle stabil.

Grenze ein zweifacher Eigenwert entspricht, sind auch hier *alle* Lösungen stabil.

Wir haben somit über die λ-Intervalle, zu welchen stabile bzw. labile Lösungen gehören, das in Fig. 1 veranschaulichte Bild gewonnen.

c) Weitere Fragen über die HILLsche Differentialgleichung.

Die erwähnten allgemeinen Sätze beziehen sich alle auf den Fall einer *reellen* Funktion Φ und eines reellen Parameters λ. Wie in II, 1 gezeigt, treten in der angewandten Mathematik Differentialgleichungen auf, welche diese Bedingung nicht erfüllen. Eine allgemeine Problemstellung, wenn man diese Bedingungen fallen läßt, würde etwa folgendermaßen aussehen. Es durchläuft die unabhängige Veränderliche x eine stetige Kurve in der komplexen x-Ebene. Die eindeutige Funktion Φ durchläuft infolgedessen eine stetige Kurve in der Φ-Ebene. Für den Parameter λ werden jene (komplexen) Werte gesucht, für die es stabile, und jene Werte, für die es labile Lösungen der HILLschen Gleichung gibt.

In der Literatur sind über diese Aufgabe nur wenige Arbeiten erschienen. Uns scheint, daß durch eine Erweiterung der Arbeiten F. KLEINS (*71*) und E. HILBS (*44; 45*) auf diesem Wege weitere Schritte getan werden könnten.

3. Die HILLsche Differentialgleichung mit beschränkter Funktion Φ und mit zwei Parametern (*132*).

Den bei der MATHIEUschen Differentialgleichung auftretenden Fragestellungen entsprechend, empfiehlt es sich, die HILLsche Differentialgleichung in folgender Form zu betrachten:

(1) $$\frac{d^2 u}{d x^2} + (\lambda + \gamma \, \Phi(x)) u = 0,$$

wobei $\Phi(x)$ eine im Endlichen beschränkte, zweimal differenzierbare, reelle periodische Funktion der Periode 2π ist mit $\int_0^{2\pi} \Phi(x) dx = 0$.

Mit $\Phi_{\max}$ bezeichnen wir den Absolutwert des größten, mit $\Phi_{\min}$ den Absolutwert des kleinsten Wertes von Φ. Wenn beide Parameter oder mindestens einer derselben im Betrag groß ist, verglichen mit 1, so gelingt es, ohne $\Phi(x)$ eine spezielle Form zu geben, allgemeine Sätze zu formulieren über die λ- und γ-Werte, welche Anlaß geben zu stabilen oder labilen Lösungen. Wir denken uns λ und γ in einer Ebene als rechtwinklige Koordinaten. In dieser Ebene unterscheiden wir acht verschiedene Gebiete (vgl. Fig. 2):

(I a) λ und γ pos, (I b) λ und γ pos,
$\lambda \geqq \gamma \Phi_{\min}$. $\lambda \leqq \gamma \Phi_{\min}$.

(II a) λ neg, γ pos, (II b) λ neg, γ pos,
$|\lambda| \geqq \gamma \Phi_{\max}$. $|\lambda| \leqq \gamma \Phi_{\max}$.

(III a) λ und γ neg, (III b) λ und γ neg,
$|\lambda| \geqq |\gamma| \Phi_{\min}$. $|\lambda| \leqq |\gamma| \Phi_{\min}$.

(IV a) λ pos, γ neg, (IV b) λ pos, γ neg,
$|\lambda| \geqq |\gamma| \Phi_{\max}$. $\lambda \leqq |\gamma| \Phi_{\max}$.

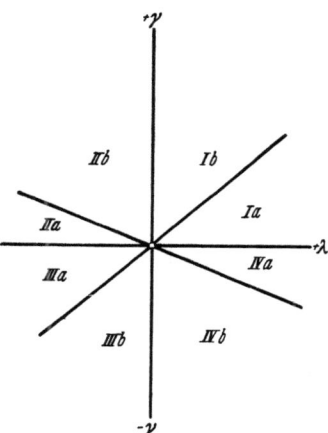

Wir betrachten den Fall:
$$|\lambda| + |\gamma| \gg 1,$$
was in den a-Gebieten gleichbedeutend ist mit
$$|\lambda| \gg 1; \quad |\gamma| \text{ endlich oder Null,}$$

Fig. 2. Unterscheidung verschiedener Gebiete in der $\lambda\gamma$-Ebene. Aus STRUTT, Math. Ann. Bd. 101 (1929) S. 559—569.

in den b-Gebieten dagegen mit:
$$|\gamma| \gg 1; \quad |\lambda| \text{ endlich oder Null.}$$

Wir werden jetzt für diese verschiedenen Gebiete asymptotisch den charakteristischen Exponenten μ berechnen.

a) **Asymptotische Berechnung des charakteristischen Exponenten.**

In den a-Gebieten kann der charakteristische Exponent asymptotisch berechnet werden (*132*) mittels der Transformation (*86a*, S. 22; *20*, S. 335).
$$z = u\left(1 + \frac{\gamma}{\lambda}\Phi\right)^{\frac{1}{4}};$$
$$t = \int_0^x \left(1 + \frac{\gamma}{\lambda}\Phi\right)^{\frac{1}{2}} dx.$$

Man findet:
in den Gebieten (I a) und (IV a):

(1) $$\mathfrak{Cof}\, 2\pi\mu = \cos \int_0^{2\pi} (\lambda + \gamma\Phi)^{\frac{1}{2}} dx + O\left(\frac{1}{\lambda}\right)^{\frac{1}{2}};$$

II. Hillsche Differentialgleichung.

in den Gebieten (IIa) und (IIIa):

(2) $\qquad \mathfrak{Cof}\, 2\pi\mu = \mathfrak{Cof} \int\limits_0^{2\pi} (|\lambda| \mp |\gamma|\, \Phi)^{\frac{1}{2}}\, dx \left\{ 1 + O\left(\frac{1}{|\lambda|}\right)^{\frac{1}{2}} \right\}.$

In den b-Gebieten gelingt die asymptotische Berechnung von μ durch die Transformation:

$$z = u\left(\frac{\lambda}{\gamma} + \Phi\right)^{\frac{1}{4}};$$

$$t = \int\limits_0^x \left(\frac{\lambda}{\gamma} + \Phi\right)^{\frac{1}{2}} dx.$$

Man findet in den Gebieten (Ib), (IIb), (IIIb) und (IVb):

(3) $\qquad \begin{cases} \mathfrak{Cof}\, 2\pi\mu = \mathfrak{Cof}\left\{ \mathfrak{Im}\left(\int\limits_0^{2\pi} (\lambda + \gamma\, \Phi)^{\frac{1}{2}} dx \right) \right\} \\ \qquad \cdot \cos\left\{ \mathfrak{Re}\left(\int\limits_0^{2\pi} (\lambda + \gamma\, \Phi)^{\frac{1}{2}} dx \right) \right\} \\ \qquad \cdot \left\{ 1 + O\left(\frac{1}{|\gamma|}\right)^{\frac{1}{2}} \right\}. \end{cases}$

Aus diesen Formeln kann man zunächst schließen: In den Gebieten (Ia) und (IVa) gibt es zu jedem vorgegebenen imaginären Wert μ_0 und reellem γ eine abzählbare unendliche Reihe von λ-Werten derart, daß es eine Lösung der Hillschen Gleichung gibt mit μ_0 als charakteristischem Exponenten. In den Gebieten (Ib), (IIb), (IIIb) und (IVb) gibt es zu jedem vorgegebenen reellen oder imaginären Wert μ_0 und reellem λ eine abzählbar unendliche Reihe von γ-Werten, für die es eine Lösung der Hillschen Gleichung gibt mit μ_0 als charakteristischem Exponenten. Daß die zu vorgegebenen μ gehörenden λ- bzw. γ-Werte *diskret* liegen, kann aus dem Kleinschen Oszillationstheorem gefolgert werden. Es ist leicht, die Abzählung asymptotisch vorzunehmen, doch wir gehen hier nicht auf diese Formeln ein (*132*).

b) Sätze über die Parameterwerte, welche zu stabilen bzw. labilen Lösungen gehören.

Wir können in der λ, γ-Ebene Gebiete unterscheiden, in denen nur Parameterwerte liegen, welche zu labilen Lösungen Anlaß geben, und Gebiete mit stabilen Parameterwerten. Hauptziel der Sätze, die wir hier geben, ist, über die Verteilung dieser Gebiete, für im Betrage große Werte der Parameter, Aufschluß zu gewinnen. Zunächst ist es leicht, aus den Gleichungen (1) und (2) von II, 3 a die Richtigkeit der Hauptschen Sätze I und II aus II, 2 b zu verifizieren. Hierzu bedenke man, daß in den stabilen Gebieten $2\pi\mu$ imaginär $\neq n\pi\sqrt{-1}$ (n ganze Zahl),

3. Die HILLsche Differentialgleichung mit beschränktem Φ.

in den labilen Gebieten reell (evtl. mit einem Imaginärteil gleich $n\pi\sqrt{-1}$), für ganzperiodische Lösungen gleich $2n\pi\sqrt{-1}$ und für halbperiodische Lösungen gleich $(2n+1)\pi\sqrt{-1}$ ist. Wir können dann sagen:

Die Gebiete (Ia) und (IVa) sind asymptotisch stabile Lösungsgebiete mit schmalen labilen Streifen, die von den Punkten der positiven λ-Achse: $\lambda = n^2$ ausgehen; die b-Gebiete sind asymptotisch labile Lösungegebiete, die aber von schmalen stabilen Streifen durchzogen werden. Die Gebiete (IIa) und (IIIa) sind asymptotisch insgesamt labile Lösungsgebiete. Da aus (3) von II, 3a folgt, daß in den b-Gebieten nicht zwei halbperiodische λ- (bzw. γ-) Werte oder zwei ganzperiodische λ (bzw. γ-) Werte zusammenfallen können, wird in den b-Gebieten asymptotisch das Auftreten von Doppelpunkten der Grenzkurven zwischen labilen und stabilen Lösungsgebieten ausgeschlossen.

Aus der Gleichung (3) von II, 3a kann man schließen:

Zu jedem vorgegebenen $|\lambda|$ kann man zwei (einen positiven und einen negativen) γ_0-Werte angeben derart, daß für alle $|\gamma|$, die größer sind als $|\gamma_0|$, die stabilen γ-Intervalle eine Breite besitzen, kleiner als eine beliebig kleine positive Zahl.

Andererseits folgt aus (1) von II, 3a ein schon von O. HAUPT angegebener Satz, der als Gegenstück zum vorigen bezeichnet werden kann:

Zu jedem vorgegebenen $|\gamma|$ kann man stets einen (positiven) λ-Wert angeben derart, daß für alle λ oberhalb dieses Wertes die labilen λ-Intervalle eine Breite besitzen, kleiner als eine beliebig kleine positive Zahl.

Durch Betrachtung der Formel (3), II, 3a, schließt man (*132*), daß in den b-Gebieten bei vorgegebenem $|\gamma|$ die λ-Intervalle, die zu imaginärem μ gehören, d. h. die stabilen λ-Intervalle, kleiner werden, wenn λ von positiven nach negativen Werten läuft. Wir haben somit die kleinsten stabilen λ-Intervalle in den Gebieten (IIb) und (IIIb) zu erwarten.

c) Asymptotische Berechnung der ganz- und halbperiodischen Eigenwerte.

Man kann die zuletzt angeführten Betrachtungen zu einer asymptotischen Berechnung der ganz- und halbperiodischen Eigenwerte in den Gebieten (IIb) und (IIIb) der $\lambda\gamma$-Ebene verschärfen (*132*). Diese Berechnung geht davon aus, daß hier die Grenzkurven zwischen labilen und stabilen Lösungsgebieten paarweise mit den durch

(1) $$\mathfrak{Cof}\, 2\pi\mu = 0$$

bestimmten Kurven asymptotisch zusammenfallen.

Es ergibt sich:

Im Gebiete (IIb) wird der asymptotische Verlauf der Grenzkurven zwischen labilen und stabilen Lösungsgebieten der HILLschen Gleichung gegeben durch

(2) $$\frac{\lambda}{\gamma} = -\Phi_{\max} + O\left(\frac{1}{\sqrt{\gamma}}\right); \quad (O \text{ pos}),$$

im Gebiete (IIIb) durch

(3) $$\frac{\lambda}{\gamma} = +\Phi_{\min} - O\left(\frac{1}{\sqrt{|\gamma|}}\right); \quad (O \text{ pos}).$$

Obwohl die Grenzkurven in diesen Gebieten immer mehr gerade verlaufen bei wachsendem $|\gamma|$, besitzen sie doch im allgemeinen keine Asymptoten. In besonderen Fällen kann in der unter O zusammengefaßten Reihe das Glied mit $(\sqrt{|\gamma|})^{-1}$ als Faktor fehlen; diesfalls gibt es wohl Asymptoten der Grenzkurven (54).

Die Gleichungen (2) und (3) gelten *nur* in den erwähnten Gebieten (IIb) und (IIIb).

Durch die früher bereits erwähnten Beziehungen der Grenzkurven zwischen labilen und stabilen Lösungsgebieten und den ganz- bzw. halbperiodischen Eigenwerten der HILLschen Gleichung kann der zuletzt erwähnte Satz auch noch folgendermaßen formuliert werden:

In den Gebieten (IIb) und (IIIb) fällt bei vorgegebenem $|\gamma|$ asymptotisch für $|\gamma| \to \infty$ ein ganzperiodischer Eigenwert λ der HILLschen Gleichung mit einem benachbarten halbperiodischen zusammen. Im Gebiete (IIb) sind die zusammenfallenden Eigenwerte gegeben durch (2), im Gebiete (IIIb) durch (3).

Interessant ist es, diese Verhältnisse zu vergleichen mit jenen für $|\gamma| \to 0$. Im letzteren Fall fallen immer zwei benachbarte ganzperiodische Eigenwerte zusammen und ebenso zwei benachbarte halbperiodische Eigenwerte.

4. Auflösung der HILLschen Differentialgleichung.

Im Abschnitt II, 3a haben wir uns mit der Auflösung der HILLschen Differentialgleichung beschäftigt, für den Fall, daß mindestens einer der Parameter im Betrag sehr groß ist. Leicht zu behandeln sind auch die Fälle, daß γ sehr klein oder λ und γ sehr klein sind. Im erstgenannten Fall wird man die Lösung nach Potenzen von γ entwickeln; im letztgenannten Fall nach Potenzen von λ oder nach Potenzen von γ. Da wir nach H. POINCARÉ (107) wissen, daß die Lösungen der HILLschen Gleichung stets ganze Funktionen von λ und γ sind, konvergieren die so erhaltenen Reihen für kleine Werte der Parameter sicher. Wir werden im Abschnitt III bei der MATHIEUschen Gleichung eine solche Potenzreihenentwicklung anwenden.

Indessen hat G. W. HILL (46) zur Lösung der nach ihm benannten Differentialgleichung eine Methode angewandt, die in einigen praktischen Fällen erfolgreich war und dessen allgemeiner Aufbau von H. POINCARÉ (108; 111) auf eine strenge Basis gestellt wurde.

4. Auflösung der Hillschen Differentialgleichung.

a) Die Hillsche Auflösungsmethode.

Wir nehmen an, die Funktion $\Phi(x)$ der Hillschen Gleichung lasse sich in eine Fouriersche Reihe entwickeln, und schreiben:

(1) $$\frac{d^2 u}{d x^2} + u\left(\lambda + \gamma \sum_{m=-\infty}^{m=\infty}{}^* a_m e^{imx}\right) = 0.$$

Dem Floquetschen Theorem zufolge wissen wir, daß diese Gleichung eine Lösung hat von der Form:

(2) $$u = e^{\mu x} \sum_{m=-\infty}^{\infty} b_m e^{imx}.$$

Gehen wir mit (2) in (1), so entstehen für die unendlich vielen unbekannten Koeffizienten b_n ebenso viele lineare homogene Bestimmungsgleichungen:

(3) $$b_n(\mu^2 + 2\mu i n - n^2 + \lambda) + \gamma \sum_{m=-\infty}^{m=\infty}{}^* b_{n-m} a_m = 0;$$

$$\ldots -3, -2, -1 = n = 0, 1, 2, 3, \ldots$$

Der Stern beim Summenzeichen in (1) und (3) soll andeuten, daß das Glied $m = 0$ fortzulassen ist. Damit das homogene Gleichungssystem (3) eine Lösung hat, kann man, in Analogie zu endlich vielen homogenen Gleichungen mit einer endlichen Anzahl von Unbekannten, die Forderung aufstellen, daß die Determinante, gebildet aus den Koeffizienten der b_n, verschwinden muß:

$$\begin{vmatrix} \cdots & \cdots & \cdots & \cdots & \cdots & \cdots & \cdots \\ \cdots & 1 & \dfrac{\gamma a_{-1}}{(\mu+2i)^2+\lambda} & \dfrac{\gamma a_{-2}}{(\mu+2i)^2+\lambda} & \dfrac{\gamma a_{-3}}{(\mu+2i)^2+\lambda} & \dfrac{\gamma a_{-4}}{(\mu+2i)^2+\lambda} & \cdots \\ \cdots & \dfrac{\gamma a_{+1}}{(\mu+i)^2+\lambda} & 1 & \dfrac{\gamma a_{-1}}{(\mu+i)^2+\lambda} & \dfrac{\gamma a_{-2}}{(\mu+i)^2+\lambda} & \dfrac{\gamma a_{-3}}{(\mu+i)^2+\lambda} & \cdots \\ \cdots & \dfrac{\gamma a_{+2}}{\mu^2+\lambda} & \dfrac{\gamma a_{+1}}{\mu^2+\lambda} & 1 & \dfrac{\gamma a_{-1}}{\mu^2+\lambda} & \dfrac{\gamma a_{-2}}{\mu^2+\lambda} & \cdots \\ \cdots & \dfrac{\gamma a_{+3}}{(\mu-i)^2+\lambda} & \dfrac{\gamma a_{+2}}{(\mu-i)^2+\lambda} & \dfrac{\gamma a_{+1}}{(\mu-i)^2+\lambda} & 1 & \dfrac{\gamma a_{-1}}{(\mu-i)^2+\lambda} & \cdots \\ \cdots & \dfrac{\gamma a_{+4}}{(\mu-2i)^2+\lambda} & \dfrac{\gamma a_{+3}}{(\mu-2i)^2+\lambda} & \dfrac{\gamma a_{+2}}{(\mu-2i)^2+\lambda} & \dfrac{\gamma a_{+1}}{(\mu-2i)^2+\lambda} & 1 & \cdots \\ \cdots & \cdots & \cdots & \cdots & \cdots & \cdots & \cdots \end{vmatrix}$$

(4) $$\equiv \Delta(\mu, \lambda, \gamma) = 0.$$

Hierbei ist aus Konvergenzgründen jede Zeile der Determinante (4) durch $(\mu + in)^2 + \lambda$; $n = 0, \pm 1, \pm 2, \pm 3, \ldots$ dividiert worden. Die absolute Konvergenz der Determinante in (4) folgt aus der absoluten Konvergenz von $\sum a_m$ (*151*, S. 415). Diese Gleichung gibt bei vorgegebenem λ und γ den charakteristischen Exponenten μ. Andererseits folgt bei vorgegebenem λ (bzw. γ) und μ aus (4) die Größe γ (bzw. λ).

In beiden Fällen können aus (3) die Koeffizienten b_n berechnet werden, sobald μ bzw. λ bzw. γ aus (4) bestimmt worden sind. Die vollständige Auflösung der HILLschen Differentialgleichung hängt also nur von der Berechnung der HILLschen Determinante (4) ab.

Man kann zeigen (*151*, S. 415), daß die Berechnung der HILLschen Determinante (4) auf jene einer einfacheren Determinante $\Delta(0)$, die aus (4) durch Nullsetzen von μ entsteht, zurückgeführt werden kann. Und zwar ist:

(5) $\quad \Delta(0) = \dfrac{\sin^2 \pi i \mu}{\sin^2 \pi \sqrt{\lambda}}$ (*151*, S. 416; *111*, Bd. 2, 2. Teil, S. 52; *12*).

b) HILLsche Funktionen.

Wir werden die Lösungen der HILLschen Differentialgleichung für den Fall, daß μ rein imaginär ist, HILLsche Funktionen nennen. Nach Gleichung (2) von II, 4a sind diese Funktionen periodisch mit der Periode $2\pi/i\mu$, sofern $i\mu = 1/\mu_0$ mit ganzzahligem μ_0 ist. Wenn $i\mu$ die Form a/b hat, mit ganzen teilerfremden a und b, so ist die Periode der Lösung $2\pi b$. Wir betrachten zwei Sonderfälle: erstens kann $i\mu$ eine ganze Zahl sein; in diesem Fall gibt es Lösungen der Periode 2π, also *ganzperiodische Lösungen*; zweitens kann $i\mu = \frac{1}{2} +$ ganze Zahl sein; in diesem Fall gibt es *halbperiodische Lösungen* (Periode 4π). In beiden Fällen ist $e^{2\pi\mu} = \sigma = \pm 1$.

Zu einem vorgegebenen μ gehören nach (5) von II, 4a *Kurven* in der $\lambda\gamma$-Ebene. Die Kurven, welche zu den rein imaginären μ-Werten gehören, überdecken die *stabilen* Gebiete der $(\lambda\gamma)$-Ebene. Die Lösungen der HILLschen Gleichung in diesen stabilen Gebieten haben wir HILLsche Funktionen genannt. Wir zeigen jetzt, daß es für alle Punkte des stabilen Gebietes der $(\lambda\gamma)$-Ebene, zu welchen μ-Werte gehören, die, wie oben auseinandergesetzt, zu *periodischen* HILLschen Funktionen Anlaß geben, stets *zwei* linear unabhängige HILLsche Funktionen gibt. Ausgenommen sind jene Punkte der $(\lambda\gamma)$-Ebene, für die $i\mu$ eine ganze Zahl oder $\frac{1}{2} +$ eine ganze Zahl ist. Diese Punkte werden wir gesondert betrachten.

Um den erwähnten Satz zu beweisen, genügt es, zu bemerken, daß zu den betreffenden Punkten der $(\lambda\gamma)$-Ebene stets zwei konjugiert imaginäre μ-Werte gehören, wie aus (2) von II, 2 folgt. Diese zwei μ-Werte geben nach (3) von II, 4a Anlaß zu zwei unabhängigen Lösungen der HILLschen Gleichung, die dieselbe Periode besitzen.

Wir kommen jetzt zu den Fällen $i\mu$ gleich einer ganzen Zahl oder einer ganzen $+\frac{1}{2}$ und zeigen, daß im allgemeinen die zweite, von der ersten periodischen unabhängige Lösung *nicht periodisch ist*. Die zwei Lösungen seien bzw. u und v. Diese Lösungen genügen der Gleichung

$$u \frac{dv}{dx} - v \frac{du}{dx} = c,$$

wobei wir die Konstante gleich c setzen. Dann ist offenbar
$$v = Au + cu\int_0^x \frac{dx}{u^2},$$
wobei A Integrationskonstante ist und der Integrationsweg die Nullstellen von u vermeiden soll. Wir setzen $A = 0$ und lassen x um 2π zunehmen:
$$v(x + 2\pi) = cu(x + 2\pi)\int_0^{x+2\pi}\frac{dx}{u^2} = cu(x)\int_0^{2\pi}\frac{dx}{u^2} + cu(x)\int_{2\pi}^{2\pi+x}\frac{dx}{u^2}.$$
Mit der Abkürzung $c\int_0^{2\pi}\frac{dx}{u^2} = b$ finden wir:
$$v(x + 2\pi) = bu(x) + cu(x)\int_0^x \frac{dx}{u^2} = bu(x) + v(x).$$
Setzen wir (*11*, S. 145):

(1) $$v(x) = \frac{b}{2\pi}xu(x) + w(x),$$

so entsteht:
$$bu(x) + v(x) = \frac{b}{2\pi}xu(x) + bu(x) + w(x + 2\pi)$$
oder
$$w(x + 2\pi) = w(x).$$

Die zweite, von der ersten periodischen linear unabhängige Lösung der Differentialgleichung hat somit die Form (1), wo w eine Funktion der Periode 2π ist; sie kann also im allgemeinen nicht periodisch sein. Ähnlich kann der halbperiodische Fall behandelt werden.

Ein Sonderfall tritt ein, wenn sich zwei Kurven in der $(\lambda\gamma)$-Ebene, die zu halb- bzw. ganzperiodischen Lösungen gehören, schneiden. In diesem Fall haben wir im Sinne von II, 2 b zwei zusammenfallende Eigenwerte; im betreffenden Punkt nach Satz I von II, 2 b somit *zwei* stabile, d. h. halb- oder ganzperiodische linear unabhängige Lösungen (vergl. III, 3d).

Aus der Differentialgleichung ist zu ersehen, daß die Punkte: $\gamma = 0$; $\lambda = n^2$ (n ganze Zahl) der $(\lambda\gamma)$-Ebene zur gerade besprochenen Art gehören, denn hier gibt es die zwei linear unabhängigen periodischen Lösungen: $\sin nx$ und $\cos nx$; übrigens wurde dies in anderer Form schon im Abschnitt II, 3 b erwähnt.

III. MATHIEUsche Differentialgleichung.

1. Allgemeine Auflösung der MATHIEUschen Differentialgleichung.

Bei vorgegebenen Werten der Parameter λ und h in der MATHIEUschen Differentialgleichung:

(1) $$\frac{d^2u}{dx^2} + (\lambda - 2h^2\cos 2x)u = 0$$

sind die Eigenschaften der zwei linear unabhängigen Lösungen festgelegt. Ihre Bestimmung nimmt, nach dem Verfahren von II, 4, ihren Ausgang von der Berechnung des charakteristischen Exponenten μ. Nachdem dieser bekannt ist, können sukzessive die Koeffizienten der lösenden Reihe berechnet werden. Man beachte, daß wir in (1) cos $2x$ schreiben, im Einklang mit I, 1d, aber in Abweichung von unserer Schreibweise (1) von II, 1, für die HILLsche Gleichung, wo $\Phi(x)$ die *Periode* 2π, statt hier bei der MATHIEUschen Gleichung π, besitzt. Durch diese Schreibweise (1) für die MATHIEUsche Gleichung haben z. B. die ganzperiodischen Lösungen die Periode π, die halbperiodischen 2π; die zugehörigen Werte von $i\mu\pi$ sind bzw. eine gerade oder eine ungerade ganze Zahl mal π. Weitere kleine Änderungen bei der Anwendung der Ergebnisse von Abschnitt II auf die MATHIEUsche Gleichung (1) wird der Leser auch ohne besonderen Hinweis leicht auffinden.

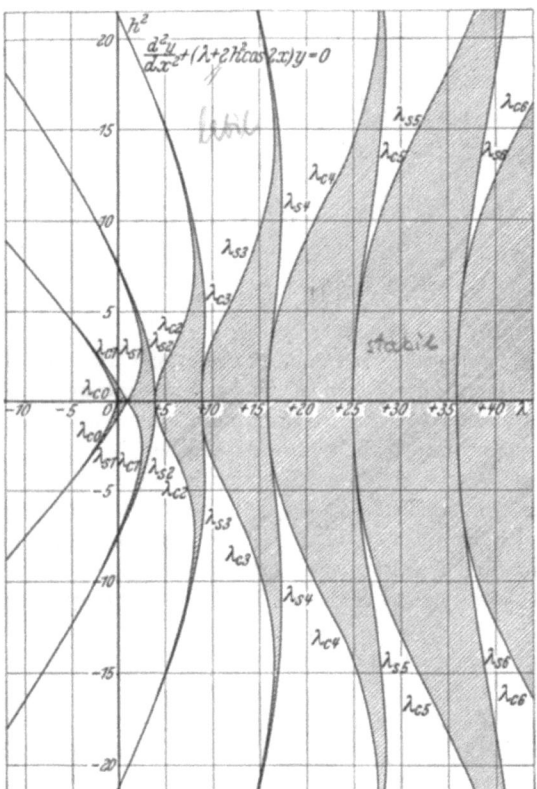

Fig. 3. Labile und stabile Lösungsgebiete der MATHIEUschen Differentialgleichung. Die Form dieser Gleichung, welche der Figur zugrunde liegt, ist auf der Figur selber angegeben. Aus STRUTT, Z. Physik Bd. 69 (1931) S 597—617

a) **Eigenschaften der Lösungen bei vorgegebenem λ und h.**

Die allgemeinen Eigenschaften der Lösungen erörtern wir an Hand der Fig. 3. Die Berechnung dieser Figur werden wir in den Abschnitten III, 2 und III, 3 behandeln.

In den schraffierten Gebieten der Fig. 3 sind beide linear unabhängige Lösungen der MATHIEUschen Gleichung stabil (stabile Lösungsgebiete); in den weiß gelassenen Gebieten gibt es eine Lösung, die bei endlichem Anfangswert im Betrag mit zunehmendem x unbeschränkt wächst (labile Lösungsgebiete). Längs den Grenzkurven zwischen labilen und

1. Allgemeine Auflösung der MATHIEUschen Differentialgleichung.

stabilen Lösungsgebieten gibt es eine Lösung der MATHIEUschen Gleichung mit der Periode π (ganzperiodische Lösung) oder 2π (halbperiodische Lösung). Den Sätzen von II, 2 b entsprechend, gibt es, bei vorgegebenem h und von $-\infty$ bis $+\infty$ laufendem λ erst einen ganzperiodischen Eigenwert λ, dann zwei halbperiodische Eigenwerte, dann wieder zwei ganzperiodische usw. Zwischen zwei ungleichnamigen λ-Werten liegt ein stabiles Lösungsgebiet, zwischen zwei gleichnamigen ein labiles Lösungsgebiet. Wie bereits in II, 3 b und II, 4 b erwähnt, nehmen die labilen Lösungsgebiete ihren Ausgang von den Punkten $h = 0$; $\lambda = n^2$. Diese Punkte sind Doppelpunkte für die Grenzkurven zwischen labilen und stabilen Lösungsgebieten. Weiter ist aus Fig. 3, den Sätzen von II, 3 b und II, 3 c entsprechend, zu sehen, daß in den b-Gebieten, d. h. für große Werte von h, die stabilen Lösungsgebiete sehr schmal werden, und zwar am schmalsten bei $\lambda < 0$, ein fester h-Wert vorausgesetzt.

b) Berechnung des charakteristischen Exponenten aus der HILLschen Determinante.

Für jedes vorgegebene Wertepaar λ, h ist die Lösung der MATHIEUschen Gleichung leicht numerisch anzugeben, sobald μ bekannt ist. Als erster Weg öffnet sich der über die HILLsche Determinante:

(1) $\quad \sin^2\left(\dfrac{i\pi\mu}{2}\right) = \Delta(0) \cdot \sin^2\left(\dfrac{\pi}{2}\sqrt{\lambda}\right) \quad$ oder $\quad \mathfrak{Cos}\,\pi\mu = 1 + 2\Delta(0) \cdot \sin^2\dfrac{\pi}{2}\sqrt{\lambda}$

mit

$$
(2) \quad \Delta(0) \equiv \begin{vmatrix}
\cdot & \cdot & \cdot & \cdot & \cdot & \cdot & \cdot \\
\cdot \cdot \cdot & \dfrac{-2h^2}{\lambda-4} & 0 & 0 & 0 & \cdot \cdot \cdot \\
\cdot \cdot \cdot & 1 & \dfrac{-2h^2}{\lambda-1} & 0 & 0 & \cdot \cdot \cdot \\
\cdot \cdot \cdot & \dfrac{-2h^2}{\lambda} & 1 & \dfrac{-2h^2}{\lambda} & 0 & \cdot \cdot \cdot \\
\cdot \cdot \cdot & 0 & \dfrac{-2h^2}{\lambda-1} & 1 & \dfrac{-2h^2}{\lambda-1} & \cdot \cdot \cdot \\
\cdot \cdot \cdot & 0 & 0 & \dfrac{-2h^2}{\lambda-4} & 1 & \cdot \cdot \cdot \\
\end{vmatrix}.
$$

Für *kleine Werte* von h kann man sich auf drei zentrale Zeilen und Spalten der unendlichen Determinante (2) beschränken. Die Determinante $\Delta(0)$ enthält in diesem Fall nur ein Glied 1 und ein Glied mit h^4. Auch bei Heranziehung mehrerer Zeilen und Spalten enthält $\Delta(0)$ stets nur gerade Potenzen von h^2. Folglich ist $\mathfrak{Cos}\,\pi\mu$ eine ganze Funktion von h^4.

Wir summieren noch sämtliche Glieder von $\varDelta(0)$, die nur h^4 enthalten, und finden nach H. BREMEKAMP (*12*, S. 143):

$$\varDelta(0) = 1 - 2 \cdot (2h^2)^2 \sum_{k=0}^{\infty} \frac{1}{\lambda - (2k)^2} \cdot \frac{1}{\lambda - (2k+2)^2} + O(h^8).$$

Die letzte Reihe läßt sich summieren mit Hilfe der Formel:

$$\frac{2}{\alpha} + \sum_{k=1}^{\infty} \frac{\alpha}{\frac{\alpha^2}{4} - k^2} = \pi \cot\frac{\pi}{2}\alpha.$$

Es ergibt sich:

(3) $\qquad \varDelta(0) = 1 + 2 \cdot (2h^2)^2 \cdot \dfrac{\pi}{8\sqrt{\lambda}(1-\lambda)} \cot\dfrac{\pi}{2}\sqrt{\lambda} + O(h^8).$

Aus (3) und (1) ergibt sich der charakteristische Exponent μ.

c) Berechnung des charakteristischen Exponenten nach E. T. WHITTAKER (*149; 151*, S. 424).

WHITTAKER führt einen neuen Parameter σ ein und setzt als Lösung der MATHIEUschen Gleichung an:

(1) $\qquad\qquad u = e^{\mu x} F(x)$

mit

(2) $\qquad \begin{cases} F(x) = \sin(x - \sigma) + a_3 \cos(3x - \sigma) + b_3 \sin(3x - \sigma) \\ \qquad\quad + a_5 \cos(5x - \sigma) + b_5 \sin(5x - \sigma) + \cdots, \end{cases}$

wobei σ festgelegt wird durch die Bedingung, daß in $F(x)$ kein Glied $\cos(x - \sigma)$ auftreten soll. Substitution der Ausdrücke (1) und (2) in die MATHIEUsche Gleichung und Entwicklung nach Potenzen von h^2 ergibt:

(3) $\qquad \begin{cases} \lambda = 1 - h^2 \cos 2\sigma + \left(-\dfrac{1}{4} + \dfrac{1}{8}\cos 4\sigma\right)h^4 + \dfrac{h^6}{64}\cos 2\sigma \\ \qquad\quad + \left(\dfrac{1}{48} - \dfrac{11}{512}\right)h^8 + O(h^{10}). \end{cases}$

Aus der transzendenten Gleichung (3) wird bei vorgegebenen λ und h^2 die Größe σ berechnet. Hiermit ist dann aus (2) auch $F(x)$ bekannt. Es erübrigt sich noch die Berechnung von μ aus

(4) $\qquad \mu = -\dfrac{h^2}{2}\sin 2\sigma + \dfrac{3h^6}{128}\sin 2\sigma - \dfrac{3h^8}{1024}\sin 4\sigma + O(h^{10}),$

worauf aus (4), (2) und (1) die Lösung der MATHIEUschen Gleichung bekannt ist. Die zweite linear unabhängige Lösung lautet $e^{-\mu x}F(-x)$.

Es sei bemerkt, daß WHITTAKER die MATHIEUsche Gleichung in der Form

$$\frac{d^2 u}{d x^2} + (a + 16q \cos 2x) u = 0$$

schreibt. Folglich ist:

$$\text{WHITTAKER} \quad \text{hier}$$
$$a = \lambda$$
$$16q = -2h^2$$

Obwohl WHITTAKERS Methode von E. L. INCE (52) erfolgreich zur Berechnung der Mondbahn verwendet wurde, ist sie im *stabilen* Lösungsgebiete nicht gut anwendbar, da hier σ entweder rein imaginär oder komplex von der Form $\sigma = \tfrac{1}{2}\pi + \tau i$ wird. Ob wir uns in einem labilen oder stabilen Lösungsgebiet der (λ, h^2)-Ebene befinden, erkennt man aus Fig. 3 (vgl. auch III, 2 und III, 3).

d) Berechnung des charakteristischen Exponenten nach E. L. INCE (59).

Zur Behebung des zuletzt erwähnten Nachteils der WHITTAKERschen Rechenmethode hat E. L. INCE eine Rechenweise angegeben, die gestattet, in *stabilen* Lösungsgebieten μ für beliebige λ und h^2 zu erhalten. Wir schließen hier die *Grenzkurven*, in der (h^2, λ)-Ebene, zwischen labilen und stabilen Lösungsgebieten, aus. Die Berechnung der Lösung entlang diesen Kurven wird uns im Abschnitt III, 2 beschäftigen.

Eine Lösung der MATHIEUschen Gleichung in einem *stabilen* Lösungsgebiet sei:

$$(1) \qquad u = \sum_{r=-\infty}^{\infty} e_r \cos(2r + \varrho)x;$$

dann ist eine zweite linear unabhängige Lösung:

$$(2) \qquad u = \sum_{-\infty}^{\infty} e_r \sin(2r + \varrho)x.$$

Denn die MATHIEUsche Gleichung ändert sich nicht bei Ersetzen von x durch $\pi - x$, und Einsetzen dieses Wertes in (1) führt bis auf einen konstanten Faktor auf eine lineare Kombination von (1) und (2).

Einsetzen von (1) in die MATHIEUsche Gleichung ergibt:

$$[\lambda - (2r + \varrho)^2] e_r = h^2 (e_{r-1} + e_{r+1})$$

oder

$$(3) \quad \frac{e_r}{e_{r-1}} = \frac{h^2}{\lambda - (2r + \varrho)^2 - h^2 \frac{e_{r+1}}{e_r}} = \frac{-h^2(2r+\varrho)^{-2}}{1 - \lambda(2r+\varrho)^{-2} + h^2(2r+\varrho)^{-2} \cdot \frac{e_{r+1}}{e_r}}.$$

Offenbar führt (3) auf einen unendlichen Kettenbruch für die Koeffizienten e_r. Die Konvergenz dieses Bruches kann bewiesen werden.

Andererseits erhält man durch Einsetzen von (1) in die MATHIEUsche Gleichung auch den Ausdruck:

$$(4) \quad \frac{e_{r-1}}{e_r} = \frac{h^2}{\lambda - (2r+\varrho-2)^2 - h^2 \cdot \frac{e_{r-2}}{e_{r-1}}} = \frac{-h^2(2r+\varrho-2)^{-2}}{1 - \lambda(2r+\varrho-2)^{-2} + h^2(2r+\varrho-2)^{-2} \cdot \frac{e_{r-2}}{e_{r-1}}}.$$

Die Bedingung, daß (4) und (3) für e_r/e_{r-1} auf denselben Wert führen müssen, liefert uns eine Bestimmungsgleichung für ϱ. Man nehme z. B.

$$\frac{e_1}{e_0} = L \text{ (aus 3)} \quad \text{und} \quad \frac{e_1}{e_0} = R \text{ (aus 4)},$$

dann muß $R = L$ sein. Bei der Anwendung nimmt man versuchsweise Werte von ϱ an und berechnet für diese Werte L und R aus den rasch konvergierenden Kettenbrüchen (3) und (4). Man trägt L und R als Funktion von ϱ auf, und die Schnittpunkte (im allgemeinen zwei) geben den gesuchten Wert von ϱ. Es ist dabei prinzipiell gleichgültig, welchen Wert von ϱ man verwendet. Der zweite ϱ-Wert gehört zu einer von (1) linear unabhängigen Lösung, die aber eine lineare Kombination von (1) und (2) ist. Wie INCE numerisch gezeigt hat, erhält man mit dieser Methode nicht nur ϱ, sondern gleichzeitig auch die e_r, d. h. die vollständige Lösung.

INCES Rechenmethode läßt sich auch im *labilen* Lösungsgebiet anwenden, wo der charakteristische Exponent, wie wir wissen, reell angenommen werden kann, wenn man statt (1) mit

$$e^{\mu x} \sum_{-\infty}^{\infty} \cos 2r x$$

in die MATHIEUsche Gleichung eingeht.

e) Asymptotische Berechnung des charakteristischen Exponenten (132).

Wenn einer der Werte der Parameter λ und h oder beide im Betrag groß sind gegen Eins, kann ein Näherungswert des charakteristischen Exponenten in einfacher Weise erhalten werden aus den asymptotischen Formeln des Abschnitts II, 3 a.

Es ist

(1) $$\left\{ \begin{array}{l} \mathfrak{Coj}\,\pi\mu = \mathfrak{Coj}\left\{\mathrm{Im}\left(\tfrac{1}{2}\int_0^\pi (\lambda - 2h^2 \cos 2x)^{\frac{1}{2}}\,dx\right)\right\} \\ \qquad \cdot \cos\left\{\mathrm{Re}\left(\tfrac{1}{2}\int_0^\pi (\lambda - 2h^2 \cos 2x)^{\frac{1}{2}}\,dx\right)\right\}. \end{array} \right.$$

Für gewisse Zwecke brauchen, wie wir jetzt numerisch zeigen, die λ- und h-Werte, für die Gleichung (1) mit genügender Näherung angewandt werden kann, nicht *sehr* groß zu sein. Wir wählen $\lambda = 0$ und $2h^2$ neg. Es ergibt sich aus (1):

(2) $$\mathfrak{Coj}\,\pi\mu = \mathfrak{Coj}\,E\sqrt{|2h^2|} \cdot \cos E\sqrt{|2h^2|},$$

mit

$$E = \int_0^{\pi/4} \sqrt{\cos 2x}\,dx,$$

wofür man erhält:

$$E = \frac{4}{3} \cdot \frac{\Gamma(\frac{3}{2}) \cdot \Gamma(\frac{1}{4})}{\Gamma(\frac{5}{4})} = \frac{\pi}{2} \cdot 0{,}762 \ldots$$

Mit Hilfe von (2) wollen wir den zweiten halbperiodischen Eigenwert h und den zweiten ganzperiodischen für $\lambda = 0$ berechnen. Wir setzen hierzu

$$E\sqrt{2h^2} \cong \frac{3\pi}{2}$$

und finden als Mittel der beiden nahe zusammenfallenden Eigenwerte:

$$-\frac{1}{2}h^2 = \frac{9}{4(0{,}762\ldots)^2} = 3{,}86\ldots$$

Durch Interpolation aus Fig. 3 findet man 3,77 so daß wir tatsächlich schon für diesen ganz niedrigen h-Wert aus der asymptotischen Formel (1) für $\lambda = 0$ eine befriedigende Näherung abgeleitet haben. Für $\lambda \neq 0$ wird die Näherungsformel (1) im allgemeinen schlechter anwendbar.

Endlich können wir noch aus (1) ablesen, daß die höheren halb- und ganzperiodischen Eigenwerte $2h^2$ der MATHIEUschen Gleichung für $\lambda = 0$ annähernd durch

$$|2h^2| = \frac{(n+\frac{1}{2})^2}{E^2}\pi^2$$

gegeben sind, wobei die dritte Stelle schon für $n = 2$ richtig ist.

2. Periodische Lösungen; MATHIEUsche Funktionen.

Wie in den Abschnitten II, 4, b und III, 1, d erwähnt, gibt es in den *stabilen*, in Fig. 3 schraffierten Lösungsgebieten der (λ, h^2)-Ebene für gewisse Werte von λ und h^2 *periodische* Lösungen der MATHIEUschen Differentialgleichung. Diese periodischen Lösungen sind in der Schreibweise (1) von III, 1, d dadurch ausgezeichnet, daß ϱ eine ganze Zahl oder ein rationaler Bruch ist. Zu diesen ausgezeichneten Werten von λ (bzw. h) gehören *Kurven* in der (λ, h^2)-Ebene; diese Kurven enden im Endlichen nirgends, verlaufen ganz *in* den stabilen Lösungsgebieten, schneiden alle die positive λ-Achse und die positive sowie die negative h^2-Achse; sie haben einen ähnlichen Verlauf wie die in Fig. 3 gezeichneten Grenzkurven zwischen labilen und stabilen Lösungsgebieten. Der Beweis für diese Tatsachen kann aus dem Oszillationstheorem, ähnlich wie in II, 2, b geführt werden. Besonderes Interesse für die Anwendungen haben die periodischen Lösungen der MATHIEUschen Gleichung, welche die Periode 2π besitzen. Diese Funktionen nennen wir *Mathieusche Funktionen* erster Art. Die ihnen entsprechenden λ- und h^2-Werte liegen auf den Grenzkurven zwischen labilen und stabilen Lösungsgebieten der Fig. 3. Die Existenz dieser Funktionen hat zuletzt M. F. CURTIS (*22*) untersucht.

a) Vier Typen MATHIEUscher Funktionen erster Art.

Die MATHIEUschen Funktionen erster Art sind überall reguläre Funktionen von x; man kann sie in FOURIERsche Reihen entwickeln:

$$\sum_{m=1}^{\infty} B_{n,m} \sin mx \quad \text{bzw.} \quad \sum_{m=0}^{\infty} A_{n,m} \cos mx.$$

Einsetzen in die MATHIEUsche Gleichung ergibt, daß eine Funktion, deren niedrigstes Fourierglied gerades m hat, auch durchweg nur Glieder mit geradem m besitzt, und Entsprechendes gilt für ungerades m. Wir kommen somit zu vier Typen MATHIEUscher Funktionen:

(1) $\quad C_n = \sum_{m=0}^{\infty} A_{n,2m+1} \cos(2m+1)x; \qquad n = 1, 3, 5, \ldots,$

(2) $\quad C_n = \sum_{m=0}^{\infty} A_{n,2m} \cos 2mx; \qquad n = 0, 2, 4, \ldots,$

(3) $\quad S_n = \sum_{m=1}^{\infty} B_{n,2m+1} \sin(2m+1)x; \qquad n = 1, 3, 5, \ldots,$

(4) $\quad S_n = \sum_{m=1}^{\infty} B_{n,2m} \sin 2mx; \qquad n = 2, 4, \ldots$

Wir bezeichnen als MATHIEUsche Funktion erster Art C_0 jene gerade Lösung der MATHIEUschen Gleichung, die zum niedrigsten ganzperiodischen Eigenwert gehört; als Funktion S_1 die ungerade Lösung mit dem niedrigsten halbperiodischen Eigenwert; als C_1 die gerade Lösung zum niedrigsten halbperiodischen (mit dem vorher erwähnten nach Fig. 3 nur für $h = 0$ identischen) Eigenwert; als S_2 die ungerade Lösung mit dem zweitniedrigsten ganzperiodischen Eigenwert usw.

Offenbar sind diese Funktionen aus den Reihen (1), (2), (3), (4) nur bis auf einen willkürlichen Faktor bestimmt. Diesen Faktor bestimmen wir so, daß gilt:

(5) $\quad \begin{cases} \int_0^{2\pi} [C_0]^2 \, dx = 2\pi, \\ \int_0^{2\pi} [C_n]^2 \, dx = \pi \\ \int_0^{2\pi} [S_n]^2 \, dx = \pi \end{cases} \Bigg\} \; n \neq 0.$

Durch diese Konvention reduzieren sich für $h = 0$ die MATHIEUschen Funktionen S_n bzw. C_n auf $\sin nx$ bzw. $\cos nx$. In früheren Arbeiten war es üblich, diese letztere Tatsache überhaupt zur Festlegung der MATHIEUschen Funktionen erster Art, an Stelle von (5), zu benutzen. Wie S. GOLDSTEIN (33, S. 303) gezeigt hat, gerät man aber dabei, wenn h nicht mehr klein ist, sondern beliebige Werte annehmen kann, in ernste Schwierigkeiten. Denn es gibt dann, wie die Rechnung zeigt, Werte von h^2, für die alle Fourierkoeffizienten unendlich groß werden, außer den

Koeffizienten von $\sin nx$ bzw. $\cos nx$ bei S_n bzw. C_n. Durch die Konvention (5) werden für diese Werte von h^2 die Koeffizienten von $\sin nx$ und $\cos nx$ Null, während alle anderen Fourierkoeffizienten von S_n und C_n endlich bleiben.

Für Beziehungen zwischen den MATHIEUschen Funktionen verschiedenen Typs sei auf die Literatur verwiesen (*33*, S. 304).

b) Berechnung der Funktionen erster Art nach E. MATHIEU (*96*).

Die MATHIEUsche Berechnung der nach ihm benannten Funktionen ist nur brauchbar für kleine Werte von h^2. Sie besteht darin, daß man die Koeffizienten A_{nm} bzw. B_{nm} der MATHIEUschen Funktionen, die nach einem bekannten Satz von H. POINCARÉ (*107*) ganze Funktionen von h^2 sind, nach steigenden Potenzen von h^2 entwickelt.

Für diese kleinen Werte von h^2 tritt der im vorigen Abschnitt erwähnte Umstand, daß für gewisse h^2-Werte alle Koeffizienten einer MATHIEUschen Funktion erster Art unendlich werden, außer jener von $\cos nx$ bzw. $\sin nx$ bei C_n bzw. S_n, wenn man die Funktionen so festlegt, daß für $h^2 \to 0$ die letztgenannten Koeffizienten 1 werden, *nicht* ein. Folglich kann hier diese einfachere Konvention an die Stelle der komplizierteren, aber dafür *allgemein* für alle h^2-Werte gültigen Gleichungen (5) von III, 2a treten.

Geht man mit

(1) $\qquad \lambda_{C_n} = n^2 + \alpha h^2 + \beta h^4 + \gamma h^6 + \delta h^8 + \cdots,$

(2) $\qquad C_n = \cos nx + h^2 F_1 + h^4 F_2 + h^6 F_3 + \cdots$

in die MATHIEUsche Gleichung ein, die man sukzessive löst, so entstehen die Ausdrücke:

(3) $\quad \begin{cases} \lambda_{C_n} = n^2 + \dfrac{h^4}{2(n^2-1)} + \dfrac{(5n^2+7)h^8}{32(n^2-1)^3(n^2-4)} \\ \qquad + \dfrac{(9n^6 + 22n^4 - 203n^2 - 116)h^{12}}{64(n^2-1)^5(n^2-4)^3(n^2-9)} + \cdots, \end{cases}$

(4) $\quad \begin{cases} C_n = \cos nx + h^2 \left[\dfrac{-\cos(n+2)x}{4(n+1)} + \dfrac{\cos(n-2)x}{4(n-1)} \right] \\ \quad + h^4 \left[\dfrac{\cos(n+4)x}{32(n+1)(n+2)} + \dfrac{\cos(n-4)x}{32(n-1)(n-2)} \right] \\ \quad + h^6 \left[\dfrac{-\cos(n+6)x}{2^7 \cdot 3 \cdot (n+1)(n+2)(n+3)} - \dfrac{(n^2+4n+7)\cos(n+2)x}{2^7 \cdot (n+1)^3(n-1)(n+2)} \right. \\ \qquad \left. + \dfrac{(n^2-4n+7)\cos(n-2)x}{2^7(n-1)^3(n+1)(n-2)} + \dfrac{\cos(n-6)x}{2^7 \cdot 3 \cdot (n-1)(n-2)(n-3)} \right] \\ \quad + h^8 \left[\dfrac{\cos(n+8)x}{2^{11} \cdot 3 \cdot (n+1)(n+2)(n+3)(n+4)} + \dfrac{(n^3+7n^2+20n+20)\cos(n+4)x}{2^8 \cdot 3 \cdot (n+1)^3(n-1)(n+2)^2(n+3)} \right. \\ \qquad \left. + \dfrac{(n^3-7n^2+20n-20)\cos(n-4)x}{2^8 \cdot 3 \cdot (n-1)^3(n+1)(n-2)^2(n-3)} + \dfrac{\cos(n-8)x}{2^{11} \cdot 3 \cdot (n-1)(n-2)(n-3)(n-4)} \right] \\ \quad + O(h^{10}). \end{cases}$

Man findet: $\lambda_{C_n} = \lambda_{S_n}$, während S_n in einfacher Weise aus C_n hervorgeht (*33*, S. 304).

Offenbar versagt der Ausdruck (4), wenn n eine ganze Zahl ist, also zum erstenmal für $n = 1$. In diesen Fällen muß eine von MATHIEU (*96*) angegebene Spezialrechnung angewandt werden, die hier für $n = 1$ durchgeführt wird. Einsetzen von (1) und (2) in die MATHIEUsche Gleichung liefert:

$$\frac{d^2 F_1}{dx^2} + n^2 F_1 - 2\cos 2x \cdot \cos nx + \alpha \cos nx = 0.$$

Man schreibe:
$$2\cos 2x \cos nx = \cos(n+2)x + \cos(n-2)x$$
und setze:
$$F_2 = a\cos(n+2)x + c\cos(n-2)x.$$

Es ergibt sich
$$a = \frac{-1}{4(n+1)}; \quad c = \frac{1}{4(n-1)} \quad \text{und} \quad \alpha = 0.$$

Wenn $n = 1$ ist, wählen wir $c = 0$ und erhalten $\alpha = 1$; hierdurch wird die erste Näherung

$$C_1 = \cos x - \frac{h^2}{8}\cos 3x + O(h^4);$$

$$\lambda_{C_1} = 1 + h^2 + O(h^4).$$

In ähnlicher Weise können durch Spezialberechnungen in den Fällen $n = 2, 3, \ldots$ die verschwindenden Nenner vermieden werden. Bemerkt sei noch, daß die Ausführung der Rechnung für S_1 eine von λ_{C_1} schon in erster Näherung abweichende Konstante λ_{S_1} ergibt:

$$S_1 = \sin x - \frac{h^2}{8}\sin 3x + O(h^4);$$

$$\lambda_{S_1} = 1 - h^2 + O(h^4).$$

Analog weicht durch die Spezialrechnung allgemein λ_{C_n} von λ_{S_n} vom Gliede mit h^{2n} an ab.

Die Konvergenz obiger Potenzreihen in h^2 hat G. N. WATSON (*146*) untersucht.

c) Numerische Ergebnisse von E. MATHIEU.

Wir benutzen die in (1), (2), (3) und (4) von III, 2a eingeführte Schreibweise für die Koeffizienten der vier Typen MATHIEUscher Funktionen erster Art und geben die Ausdrücke MATHIEUS für diese Größen wieder:

$$A_{0,0} = 1,$$

$$A_{0,2} = -\frac{h^2}{2} + \frac{7h^6}{2^7} + O(h^{10}),$$

$$A_{0,4} = \frac{h^4}{32} - \frac{10 h^8}{2^8 \cdot 3^2} + O(h^{12}),$$

2. Periodische Lösungen; MATHIEUsche Funktionen.

$$A_{0,6} = -\frac{h^6}{2^7 \cdot 3^2} + O(h^{10}),$$

$$A_{0,8} = \frac{h^8}{2^{13} \cdot 3^2} + O(h^{12}),$$

. . . .

$$A_{2,0} = \frac{h^2}{4} - \frac{5h^6}{192} + \frac{1363 \cdot h^{10}}{221\,184} + O(h^{14}),$$

$$A_{2,2} = 1,$$

$$A_{2,4} = -\frac{h^2}{12} - \frac{43h^6}{13\,824} + \frac{21\,059}{79\,626\,240}h^{10} + O(h^{14}),$$

$$A_{2,6} = \frac{h^4}{384} + \frac{287\,h^8}{2\,211\,840} + O(h^{12}),$$

$$A_{2,8} = -\frac{h^6}{23\,040} - \frac{41\,h^{10}}{16\,588\,800} + O(h^{14}),$$

$$A_{2,10} = \frac{h^8}{2\,211\,840} + O(h^{12}),$$

$$A_{2,12} = -\frac{h^{10}}{309\,657\,600} + O(h^{14}),$$

. . . .

$$A_{4,0} = \frac{h^4}{192} - \frac{h^8}{92\,160} + O(h^{12}),$$

$$A_{4,2} = \frac{h^2}{12} + \frac{11\,h^6}{17\,280} - \frac{439\,h^{10}}{62\,208\,000} + O(h^{14}),$$

$$A_{4,4} = 1,$$

$$A_{4,6} = -\frac{h^2}{20} - \frac{13\,h^6}{96\,000} - \frac{4037\,h^{10}}{2\,419\,200\,000} + O(h^{14}),$$

$$A_{4,8} = \frac{h^4}{960} + \frac{23\,h^8}{6\,048\,000} + O(h^{12}),$$

$$A_{4,10} = -\frac{h^6}{80\,640} - \frac{53\,h^{10}}{1\,032\,192\,000} + O(h^{14}),$$

$$A_{4,12} = \frac{h^8}{10\,321\,920} + O(h^{12}),$$

$$A_{4,14} = -\frac{h^{10}}{1\,857\,945\,600} + O(h^{14}),$$

. . . .

$$A_{1,1} = 1,$$

$$A_{1,3} = -\frac{h^2}{8} - \frac{h^4}{64} - \frac{h^6}{1536} + \frac{11\,h^8}{36\,864} + O(h^{10}),$$

$$A_{1,5} = \frac{h^4}{192} + \frac{h^6}{1152} + \frac{h^8}{24\,576} + O(h^{10}),$$

$$A_{1,7} = -\frac{h^6}{9216} - \frac{h^8}{49\,152} + O(h^{10}),$$

. . . .

$$A_{3,1} = \frac{h^2}{8} + \frac{h^4}{64} + \frac{h^6}{1024} - \frac{h^8}{2^{12}} + O(h^{10}),$$

$$A_{3,3} = 1,$$

$$A_{3,5} = -\frac{h^2}{16} - \frac{7h^6}{20480} - \frac{h^8}{2^{14}} + O(h^{10}),$$

$$A_{3,7} = \frac{h^4}{640} + \frac{17 h^8}{2^{15} \cdot 3^2 \cdot 5} + O(h^{10}),$$

$$A_{3,9} = -\frac{h^6}{46080} + O(h^{10}),$$

$$\cdots\cdots\cdots\cdots\cdots\cdots\cdots\cdots$$

$$A_{5,1} = \frac{h^4}{2^5 \cdot 12} + \frac{h^6}{2^{10} \cdot 3^2} + \frac{30 h^8}{2^{10} \cdot 4^3 \cdot 3^4} + O(h^{10}),$$

$$A_{5,3} = \frac{h^2}{16} + \frac{12 h^6}{2^7 \cdot 4^3 \cdot 18} + \frac{h^8}{2^{12} \cdot 36} + O(h^{10}) \text{ usw.}$$

Ähnliche Ausdrücke ergeben sich für die B-Koeffizienten.

Für Tabellen dieser Koeffizienten sei auf die Literatur verwiesen (*55*; *56*; *57*; *33*).

d) Berechnung der MATHIEUschen Funktionen nach E. L. INCE (*55*; *56*; *57*) und S. GOLDSTEIN (*33*).

Während MATHIEUS Rechnungen nur für kleine h^2 brauchbar sind, haben E. L. INCE und S. GOLDSTEIN Verfahren angegeben, um die $A_{m,n}$ und $B_{m,n}$ für beliebige h^2 numerisch zu finden. Wir erläutern dieses Rechenverfahren am Beispiel C_0 (*55*, S. 21). Man setze die Fourierreihe für diese Funktion in die MATHIEUsche Differentialgleichung ein. Es entstehen die Formeln:

$$\lambda A_{00} - h^2 A_{02} = 0,$$
(1) $\quad -2h^2 A_{00} + (\lambda - 4) A_{02} - h^2 A_{04} = 0,$

$$\cdots\cdots\cdots\cdots\cdots\cdots\cdots\cdots$$

$$-h^2 A_{0,r-2} + (\lambda - r^2) A_{0,r} - h^2 A_{0,r+2} = 0; \quad r = 4, 6, 8, \ldots$$

Damit diese homogenen linearen Gleichungen lösbar sind, muß gelten:

$$\Delta \equiv \begin{vmatrix} \lambda & -h^2 & 0 & 0 & 0 & 0 & - \\ -2h^2 & \lambda-4 & -h^2 & 0 & 0 & 0 & - \\ 0 & -h^2 & \lambda-16 & -h^2 & 0 & 0 & - \\ 0 & 0 & -h^2 & \lambda-36 & -h^2 & 0 & - \\ 0 & 0 & 0 & -h^2 & \lambda-64 & -h^2 & 0 \\ - & - & - & - & - & - & - \end{vmatrix} = 0.$$

Mit Δ_1 und Δ_2 bezeichnen wir bzw. jene Determinanten, die aus Δ hervorgehen durch Streichen der ersten Reihe und Spalte bzw. der zwei ersten Reihen und Spalten. Es ist:

$$\Delta = \lambda \Delta_1 - 2h^4 \Delta_2 = 0 \qquad \text{oder} \qquad \lambda = 2h^4 \frac{\Delta_2}{\Delta_1}.$$

Ähnlich ist
$$\varDelta_1 = (\lambda - 4)\varDelta_2 - h^4 \varDelta_3, \quad \text{also} \quad \frac{\varDelta_2}{\varDelta_1} = \frac{1}{\lambda - 4 - h^4 \frac{\varDelta_3}{\varDelta_2}}.$$

Weiter gilt:
$$\varDelta_2 = (\lambda - 16)\varDelta_3 - h^4 \varDelta_4 \text{ usw.}$$

Man erhält in dieser Weise für λ den unendlichen Kettenbruch:

(2) $$\lambda = \frac{2h^4}{\lambda - 4} - \frac{h^4}{\lambda - 16} - \frac{h^4}{\lambda - 36} - \cdots,$$

dessen Konvergenz sich nachweisen läßt. Zur wirklichen Berechnung von λ bei vorgegebenem h^2 nimmt man zunächst einen Näherungswert für λ an, berechnet dann aus (2) eine zweite Näherung usw. Mit dem so erhaltenen λ ergeben die Gleichungen (1) sukzessive die Koeffizienten $A_{0,m}$ ($m = 0, 2, 4, \ldots$). Die in Fig. 3 benutzten λ-Werte sind von E. L. INCE und S. GOLDSTEIN nach diesem Verfahren berechnet worden.

Bemerkt sei noch, daß ähnliche Kettenbruchentwicklungen, wie oben nach INCE und GOLDSTEIN erwähnt, schon von E. HEINE (*42*, I, S. 407) angegeben wurden, allerdings ohne sie zur numerischen Berechnung der MATHIEUschen Funktionen zu verwenden (vgl. auch *15*).

e) Orthogonalitätseigenschaften der MATHIEUschen Funktionen erster Art.

Es seien u_1 und u_2 zwei verschiedene MATHIEUsche Funktionen erster Art, die den Differentialgleichungen

(1) $$\frac{d^2 u_1}{dx^2} + u_1(\lambda_{u_1} - 2h^2 \cos 2x) = 0;$$

(2) $$\frac{d^2 u_2}{dx^2} + u_2(\lambda_{u_2} - 2h^2 \cos 2x) = 0$$

genügen. Wir multiplizieren (1) mit u_2 und (2) mit u_1, subtrahieren und integrieren von 0 bis 2π über x:

$$\left[\frac{du_1}{dx} u_2 - \frac{du_2}{dx} u_1\right]_0^{2\pi} = (\lambda_{u_1} - \lambda_{u_2}) \int_0^{2\pi} u_1 u_2 \, dx.$$

Wegen der Periodizität von u_1 und u_2 verschwindet die linke Seite, und wir erhalten die Relationen:

(3) $$\int_0^{2\pi} S_n C_m \, dx = 0;$$

(4) $$\int_0^{2\pi} S_n S_m \, dx = 0 \quad (m \neq n);$$

(5) $$\int_0^{2\pi} C_n C_m \, dx = 0 \quad (m \neq n).$$

Übrigens sind schon, wie leicht aus Symmetriegründen einzusehen, die auf das Intervall $0 \leq x \leq \pi$ beschränkten Integrale gleich Null. Bemerkt sei noch, daß analoge Orthogonalitätseigenschaften für MATHIEUsche Funktionen gebrochener Ordnung (*112*) (vgl. II, 4 b) gelten.

3. Verlauf der Grenzkurven zwischen labilen und stabilen Lösungsgebieten der MATHIEUschen Gleichung.

Wie in den Abschnitten III, 1 und III, 2 dargelegt wurde, ist der Verlauf der Grenzkurven zwischen labilen und stabilen Lösungsgebieten in der (λ, h^2)-Ebene von grundlegender Bedeutung. Erstens ist die Kenntnis dieses Verlaufs wesentlich, um die geeignete Methode zur Berechnung des charakteristischen Exponenten zu wählen (III, 1); andererseits geben diese Grenzkurven die Eigenwerte an, welche zu den verschiedenen MATHIEUschen Funktionen gehören. Auf Grund der Berechnungen des vorigen Abschnittes lassen sich einige allgemeine Sätze über diesen Verlauf beweisen.

a) Berührung der Grenzkurven für $h = 0$ und $\lambda = n^2$ (*127*).

Wie aus Abschnitt II, 3, c hervorgeht, sind die hier betrachteten Punkte Doppelpunkte der Grenzkurven. Nur der Punkt $h = 0$; $\lambda = 0$ macht eine Ausnahme, da die Funktion S_0 identisch verschwindet. Durch den letzteren Punkt geht nur *eine* Grenzkurve (zu C_0 gehörend), welche die h^2-Achse von erster Ordnung berührt, wie aus III, 2 b folgt. H. POINCARÉ hat bewiesen (*110*, II, S. 229), daß die zwei Grenzkurven, welche durch den Punkt $\lambda = 1$; $h^2 = 0$ hindurchgehen, sich in diesem Doppelpunkt von nullter Ordnung berühren; die Kurven, die durch $\lambda = 4$; $h^2 = 0$ gehen, berühren sich hier von erster Ordnung; im Punkte $\lambda = 9$; $h^2 = 0$ von zweiter Ordnung; im Punkte $\lambda = 16$; $h^2 = 0$ von dritter Ordnung. Er knüpfte hieran die Vermutung, die Grenzkurven würden sich im Punkte $\lambda = n^2$; $h^2 = 0$ von $(n - 1)$-ter Ordnung berühren.

Die Richtigkeit dieses Satzes läßt sich im Anschluß an MATHIEUS Berechnungen leicht nachweisen. Entwickelt man formal nach MATHIEUS Methode C_n und S_n nach Potenzen von h^2, so zeigt sich, daß bei dieser Entwicklung der Koeffizient von h^{2n} einen Nenner erhält, der verschwindet. Vom Gliede h^{2n} an setzt somit die Spezialrechnung für die betr. Funktionen ein. Hieraus ergibt sich, daß λ_{C_n} und λ_{S_n} bis zum Gliede $h^{2(n-1)}$ zusammenfallen. Von diesem Gliede an unterscheidet sich λ_{C_n} von λ_{S_n}. Folglich berühren die Grenzkurven sich von $(n - 1)$-ter Ordnung.

Aus diesem Satz ist plausibel, daß bei vorgegebenem h und steigendem positivem λ die labilen Intervalle immer schmäler werden, in Übereinstimmung mit der Formulierung unseres asymptotischen Rechnungsergebnisses in II, 3 b.

b) Asymptotischer Verlauf der Grenzkurven.

Unsere Berechnungen für die HILLsche Gleichung im Abschnitt II, 3 lassen sich sofort auf den Spezialfall der MATHIEUschen Gleichung übertragen und führen hier zu folgenden Ergebnissen:

(1) $\begin{cases} \text{Für } |\lambda| < |2h^2| \text{ und } \lambda \text{ neg. wird bei } h^2 \to \pm \infty \\ \text{bzw. } \lambda_{C_n} \infty \lambda_{S_n} = \mp 2h^2 + O(h) \text{ (Abschnitt II, 3c).} \end{cases}$

Diese Gleichungen wurden von H. JEFFREYS (*67*), E. L. INCE (*55*, S. 29) und S. GOLDSTEIN (*33*, S. 321) auf anderem Weg erhalten.

Die Gleichung (1) enthält rechts offenbar die ersten Glieder einer asymptotischen Entwicklung:

(2) $\qquad \lambda = \mp 2h^2 + ah + a_0 + a_1/h + a_2/h^2 + \cdots$.

Zur Auffindung der Koeffizienten a, a_0, a_1 usw. läßt sich die Rechenweise von H. JEFFREYS (*66; 67*) und S. GOLDSTEIN (*33*, S. 321) benutzen. Hierzu nehmen wir eine Lösung der MATHIEUschen Gleichung an in der Form

(3) $\qquad u = e^{h\Phi} \cdot \Psi \cdot \left(1 + \dfrac{f_1}{h} + \dfrac{f_2}{h^2} + \cdots \right)$.

Mit (2) und (3) gehen wir in die MATHIEUsche Gleichung:

$$\frac{d^2 u}{dx^2} + u(\lambda - 2h^2 \cos 2x) = 0,$$

fassen Glieder mit der gleichen Potenz von h zusammen und setzen ihre Summe gleich Null. Wir nehmen weiterhin in den Formeln dieses Abschnittes an, h^2 sei positiv. Nach einer längeren Rechnung (*33*, S. 322) findet man:

(4) $\begin{cases} \lambda = -2h^2 + 2m_1 h - (m_1^2 + 1)/8 - (m_1^3 + 3m_1)/2^7 h \\ \quad - (5m_1^4 + 34m_1^2 + 9)/2^{12} \cdot h^2 - (33m_1^5 + 410m_1^3 + 405m_1) \\ \quad /2^{17} h^3 - (63m_1^6 + 1260m_1^4 + 2943m_1^2 + 486)/2^{20} h^4 \\ \quad - (2108m_1^7 + 62468m_1^5 + 270379m_1^3 + 149553m_2)/2^{23}h^5 + \cdots .\end{cases}$

Bei der Betrachtung von GOLDSTEINS Formeln ist zu beachten, daß er die MATHIEUsche Gleichung in der Form:

$$\frac{d^2 u}{dx^2} + (4\alpha - 16q \cos 2x) u = 0$$

benutzt; folglich gilt:

$$\begin{array}{ccc} \text{GOLDSTEIN} & & \text{hier} \\ 4\alpha & = & \lambda; \\ 16q & = & 2h^2. \end{array}$$

In der Formel (4) gibt $m_1 = 1$ die Eigenwerte λ_{C_0} und λ_{S_1}; $m_1 = 3$ die Eigenwerte λ_{C_1} und λ_{S_2}; $m_1 = 5$ die Eigenwerte λ_{C_2} und λ_{S_3} usw. (vgl. Fig. 3). In dieser Näherung fallen noch immer ein ganzperiodischer und ein benachbarter halbperiodischer Eigenwert zusammen. Die Entwicklungsformel (4) konvergiert am besten für kleines m_1 bei gegebenem h; wenn m_1 größer wird, muß auch h größer werden, um noch genügende Konvergenz zu erhalten. Es darf also m_1/h nicht zu groß werden.

$h^2/8$	$-\lambda c_0$; $-\lambda s_1$	$-\lambda c_1$; $-\lambda s_2$	$-\lambda c_2$; $-\lambda s_3$
1,0	2,65151	0,10286	−2,10738
1,2	3,31620	0,49413	−2,00251
1,4	3,99183	0,91896	−1,83829
1,6	4,67610	1,37021	−1,62610
1,8	5,36743	1,84296	−1,37687
2,0	6,06467	2,33364	−1,09684
2,2	6,76694	2,83960	−0,79057
2,4	7,47357	3,35877	−0,46169

In nebenstehender Tabelle geben wir einige von S. GOLDSTEIN (*33*, S. 325) mit Hilfe von (4) berechneten Eigenwerte wieder.

Die Ergebnisse Formel (4) und die Tabelle sind von großem Nutzen als erste Näherung bei der Berechnung der MATHIEUschen Funktionen nach dem in III, 2 d auseinandergesetzten Verfahren von INCE-GOLDSTEIN.

c) **Asymptotisches Verhalten der MATHIEUschen Funktionen.**

Aus der im vorigen Abschnitt erwähnten asymptotischen Berechnung der Eigenwerte werden gleichzeitig asymptotische Formeln für die MATHIEUschen Funktionen erster Art erhalten. Als erste Näherung erhält man nach E. L. INCE und S. GOLDSTEIN (*33*, S. 323):

$$(1) \begin{cases} \left\{ e^{2h\sin x}\left[\cos\left(\frac{\pi}{4}+\frac{x}{2}\right)\right]^{2m+1} \pm e^{-2h\sin x}\left[\sin\left(\frac{\pi}{4}+\frac{x}{2}\right)\right]^{2m+1} \right\} / (\cos x)^{m+1}; \\ \left(-\frac{\pi}{2}+2k\pi < x < \frac{\pi}{2}+2k\pi\right) \\ \left\{ e^{2h\sin x}\left[\cos\left(\frac{\pi}{4}+\frac{x}{2}\right)\right]^{2m+1} \mp e^{-2h\sin x}\left[\sin\left(\frac{\pi}{4}+\frac{x}{2}\right)\right]^{2m+1} \right\} / (\cos x)^{m+1}; \\ \left(\frac{\pi}{2}+2k\pi < x < \frac{3\pi}{2}+2k\pi\right). \end{cases}$$

Diese Formeln sind unbrauchbar in der Umgebung von $x = \mp(2n+1)\frac{\pi}{2}$ mit $n = 0, 1, 2, 3 \ldots$

Oberem und unterem Zeichen entsprechen bzw. C- und S-Funktionen; $m = 0$ ergibt C_0 und S_1; $m = 1$ ergibt C_1 und S_2; $m = 2$ S_3 und C_2 usw.

Es ist auffallend, daß die asymptotischen Lösungen (1), wie S. GOLDSTEIN (*37*) eingehend zeigte, die Periode 4π besitzen, also die gleiche Periode, wie sie die *Mathieuschen Funktionen der Ordnung* $\frac{1}{2}$ haben (*112*), d. h. jene periodischen Lösungen der MATHIEUschen Gleichung, die sich für $h \to 0$ auf $\sin(2n+1)\frac{x}{2}$ bzw. $\cos(2n+1)\frac{x}{2}$, mit $n = 0, 1, 2, \ldots$ reduzieren. Diese letztgenannten MATHIEUschen Funktionen gehören zu $\mathfrak{Cos}\,\pi\mu = 0$, also zum gleichen Wert von $\mathfrak{Cos}\,\pi\mu$, den wir im Abschnitt II, 3 c zur asymptotischen Berechnung der halb- bzw. ganzperiodischen Eigenwerte verwendet haben. Tatsächlich liegen die Kurven in der (λ, h^2)-Ebene, die zu $\mathfrak{Cos}\,\pi\mu = 0$ gehören, ungefähr in der

3. Verlauf der Grenzkurven zwischen labilen und stabilen Gebieten.

Mitte zwischen den Kurven für $\mathfrak{Cos}\,\pi\mu = \pm 1$, d. h. zwischen den (λh^2)-Kurven für die MATHIEUschen Funktionen erster Art. Es ist plausibel, daß die letzteren Kurven sich paarweise den ersteren asymptotisch anschmiegen, so daß bei der asymptotischen Rechnung die zu MATHIEUschen Funktionen der Ordnung $\tfrac{1}{2}$ gehörenden Eigenwerte herauskommen.

Von den obenerwähnten etwas abweichende asymptotische Ausdrücke für die MATHIEUschen Funktionen erhält man in erster Näherung durch Einsetzen von $\Phi(x) = \cos 2x$ in die Formeln, welche zur Berechnung von μ in Abschnitt II, 3, a dienen (132). Die so entstandenen Formeln sind unbrauchbar in der Umgebung von $\cos 2x = \lambda/2h^2$.

d) Exkurs zu einer verwandten Differentialgleichung.

Bevor durch die Sätze von O. HAUPT (II, 2 b) und die Sätze über die HILLsche Differentialgleichung mit zwei Parametern (II, 3) der allgemeine Charakter der Lösungen für verschiedene λ- und h-Werte der HILLschen Differentialgleichung bekannt geworden war, hat E. MEISSNER (97) eine besondere Form der HILLschen Differentialgleichung betrachtet, die den Vorzug hat, daß der charakteristische Exponent und die Lösung sich für alle λ und h leicht explizite ausrechnen lassen. Bei dieser MEISSNERschen Gleichung

$$(1) \qquad \frac{d^2 u}{d x^2} + (\lambda + \gamma\,\Phi(x))\,u = 0$$

hat die Funktion $\Phi(x)$ in einem Teil des Intervalls von der Länge 2π den konstanten Wert Φ_1 und im übrigen Teil dieses Intervalls den Wert Φ_2. Der Einfachheit halber nehmen wir die beiden Teilintervalle gleich groß an und setzen $\Phi_1 = \Phi = -\Phi_2$. Zur weiteren Rechnung ist es einfach, wenn $\Phi(x) = \Phi$ für $-\pi \leq x < 0$ und $\Phi(x) = -\Phi$ für $0 \leq x < \pi$. Die Gleichung (1) läßt sich in jedem Teilintervall durch sin- und cos-Funktionen lösen. Wir verlangen Stetigkeit von u und u' bei $x = 0$ und weiterhin $u(+\pi) = \sigma u(-\pi)$, sowie $u'(\pi) = \sigma u'(-\pi)$ (Akzent = Differentiation nach x). Man erhält für $\mathfrak{Cos}\,2\pi\mu$ mit $\sigma = e^{\pm 2\pi\mu}$ die Formel:

$$(2) \quad \mathfrak{Cos}\,2\pi\mu = \begin{cases} \cos x_1 \cos x_2 - \dfrac{1}{2}\left(\dfrac{x_1}{x_2} + \dfrac{x_2}{x_1}\right)\sin x_1 \sin x_2; \\ x_1^2 = \pi^2(\lambda + \gamma\,\Phi);\quad x_2^2 = \pi^2(\lambda - \gamma\,\Phi) > 0; \\ \cos x_1\,\mathfrak{Cos}\,x_3 - \dfrac{1}{2}\left(\dfrac{x_1}{x_3} - \dfrac{x_3}{x_1}\right)\sin x_1\,\mathfrak{Sin}\,x_3; \\ x_3^2 = \pi^2(\gamma\,\Phi - \lambda) > 0. \end{cases}$$

Mit Hilfe dieser Gleichung ist es leicht, die Grenzkurven zwischen labilen und stabilen Lösungsgebieten zu berechnen, indem $\mathfrak{Cos}\,2\pi\mu = \pm 1$ gesetzt wird. Man erhält die Fig. 4. Die große Ähnlichkeit dieser Fig. 4 mit Fig. 3 fällt sofort auf. Man achte z. B. auf den Verlauf der Kurven für große λ und γ. Indessen gibt es interessante Unterschiede. Während bei der Fig. 3 keine Schnittpunkte der Grenzkurven außer für $h = 0$, $\lambda = n^2$ vorkommen (wir werden diese Tatsache im Abschnitt III, 4 a

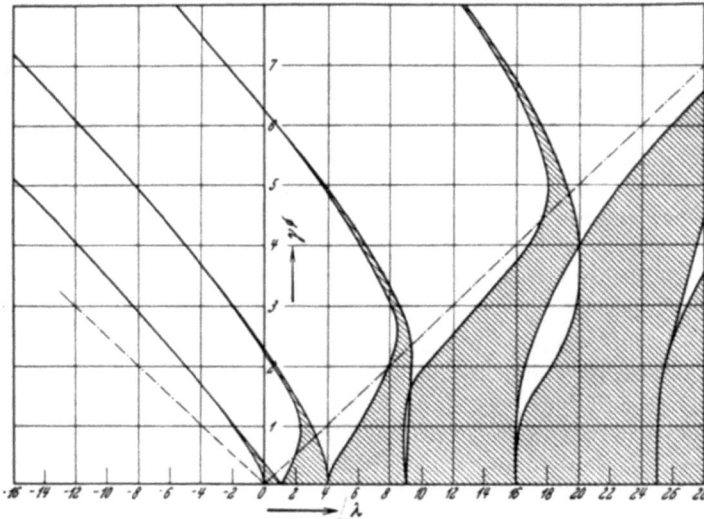

Fig. 4. Labile und stabile Lösungsgebiete der MEISSNERschen Gleichung (III, 3 d) nach STRUTT, Physica Bd. 7 (1927) S. 265—271.

exakt beweisen), gibt es in Fig. 4 viele solcher Schnittpunkte. Nach O. HAUPTS Sätzen (II, 2 b) sind in diesen Schnittpunkten *beide* linear unabhängige Lösungen periodisch, die Lösung also stets stabil, während im übrigen, entlang den Grenzkurven, stets *eine* labile Lösung auftritt (II, 4 b).

4. MATHIEUsche Funktionen zweiter Art.

Es war lange Zeit hindurch eine offene Frage, ob es λ- und h^2-Werte der MATHIEUschen Gleichung gibt, für die zwei linear unabhängige ganz- oder halbperiodische Lösungen, also zwei MATHIEUsche Funktionen erster Art, existieren. In einem solchen Punkt der Grenzkurven zwischen labilen und stabilen Lösungsgebieten müßte die sonst überall längs diesen Kurven existierende zweite *nichtperiodische Lösung* (II, 4 b), die wir als MATHIEUsche *Funktion zweiter Art* bezeichnen, verschwinden. Aus den Sätzen von O. HAUPT folgt, daß dieser Fall nur dann eintreten kann, wenn zwei halb- oder zwei ganzperiodische Eigenwerte der MATHIEU-schen Gleichung zusammenfallen, d. h., wenn die Grenzkurven zwischen labilen und stabilen Lösungsgebieten einen Doppelpunkt besitzen. Aus dem im vorangehenden Abschnitt III, 3 d explizite durchgerechneten Beispiel einer der MATHIEUschen verwandten Differentialgleichung folgt, daß es im allgemeinen bei HILLschen Differentialgleichungen sicherlich solche Doppelpunkte geben kann. Beweise für die Nichtexistenz solcher Doppelpunkte der Grenzkurven, außer den trivialen

$\lambda = n^2$; $h = 0$, sind von E. L. INCE (*53*), E. HILLE (*47*), H. BREMEKAMP (*11*) und Z. MARKOVIĆ (*92*) gegeben worden.

a) Zu jedem ganzperiodischen bzw. halbperiodischen Eigenwert gibt es nur eine ganz- bzw. halbperiodische Eigenfunktion.

Wir geben hier den Beweis E. L. INCES wieder. Angenommen, es existieren zwei linear voneinander unabhängige MATHIEUsche Funktionen erster Art. Sie seien:

(1)
$$\begin{cases} C = \sum_{r=0}^{\infty} a_r \cos 2rx; \\ S = \sum_{r=1}^{\infty} b_r \sin 2rx \end{cases}$$

und befriedigen eine und dieselbe MATHIEUsche Differentialgleichung. Gehen wir mit diesen Ausdrücken in die MATHIEUsche Gleichung, so entstehen die Beziehungen:

$$\lambda a_0 - h^2 a_1 = 0;$$
$$(4n^2 - \lambda) a_n = -h^2 (a_{n+1} + a_{n-1});$$
$$(\lambda - 4) b_1 - h^2 b_2 = 0;$$
$$(4n^2 - \lambda) b_n = -h^2 (b_{n+1} + b_{n-1}).$$

Aus diesen Gleichungen läßt sich, wenn man den trivialen Fall: $h = 0$ und $\lambda = n^2$ ausschließt, folgern:

(2)
$$\begin{vmatrix} a_n & a_{n+1} \\ b_n & b_{n+1} \end{vmatrix} = \begin{vmatrix} a_{n-1} & a_n \\ b_{n-1} & b_n \end{vmatrix} = \cdots = \begin{vmatrix} a_1 & a_2 \\ b_1 & b_2 \end{vmatrix} = 2 a_0 b_1.$$

Somit würden die Determinanten (2) für *jedes* n einen nicht verschwindenden Wert besitzen. Aus der Konvergenz der FOURIERschen Reihen (1) folgt aber wegen $\lim_{n \to \infty} a_n = 0$ und $\lim_{n \to \infty} b_n = 0$, daß sie für $n \to \infty$ verschwinden müssen. Durch diesen Widerspruch wird das Zusammenauftreten von zwei Lösungen der Form (1) ausgeschlossen.

Hiermit ist streng bewiesen, was die Kurven aus Fig. 3 zeigen, daß die Grenzkurven zwischen labilen und stabilen Lösungsgebieten der MATHIEUschen Gleichung keine Doppelpunkte außer den trivialen auf der positiven λ-Achse besitzen.

b) Berechnung der MATHIEUschen Funktionen zweiter Art nach E. L. INCE und nach B. SIEGER.

Nachdem die MATHIEUschen Funktionen erster Art numerisch in Form von Potenzreihen nach h^2 vorliegen (III, 2 b und III, 2 c), können jene zweiter Art berechnet werden aus den Formeln (II, 4 b):

(1)
$$\begin{cases} S_n^{(2)} = S_n^{(1)} \int^x \frac{dx}{(S_n^{(1)})^2}; \\ C_n^{(2)} = C_n^{(1)} \int^x \frac{dx}{(C_n^{(1)})^2}. \end{cases}$$

Hierzu werden zweckmäßigerweise die Ausdrücke unter den Integralzeichen nach ganzen positiven Potenzen von h^2 entwickelt. Diesen Weg hat E. L. INCE (51) eingeschlagen.

Ein anderer Weg zur Berechnung der MATHIEUschen Funktionen zweiter Art für kleine h^2 ist von B. SIEGER (121) beschritten worden. Im Abschnitt III, 2 b wurden im Anschluß an E. MATHIEU die Funktionen erster Art dadurch berechnet, daß alle Partikularintegrale der sukzessive entstehenden Differentialgleichungen, welche x als Faktor enthalten, unterdrückt werden. Tut man letzteres nicht, so entstehen Ausdrücke, die x wohl als Faktor enthalten. Dies sind die gewünschten Funktionen zweiter Art. Bemerkt sei, daß die nach den oben angegebenen zwei Berechnungsweisen erhaltenen MATHIEUschen Funktionen zweiter Art nicht identisch zu sein brauchen. Vielmehr wird man mit der zweiten Rechenweise im allgemeinen eine lineare Kombination von MATHIEUschen Funktionen erster und zweiter Art erhalten, wenn die Funktionen zweiter Art durch (1) definiert werden (vgl. auch 152).

c) Berechnung der MATHIEUschen Funktionen zweiter Art nach S. GOLDSTEIN.

Eine für beliebige h^2 anwendbare Berechnungsweise der MATHIEUschen Funktionen zweiter Art ist von S. GOLDSTEIN (36) angegeben worden. Zur Erläuterung sei $C_{2n+1}^{(2)}$ berechnet. Es ist nach II, 4 b

(1) $$C_{2n+1}^{(2)}(x) = F \cdot x \cdot C_{2n+1}^{(1)}(x) + Q_{2n+1}(x),$$

wobei Q eine periodische Funktion von x, mit gleicher Periode wie $C_{2n+1}^{(1)}$, darstellt. Es sei:

(2) $$Q_{2n+1} = \sum_{r=0}^{\infty} b_{2r+1} \sin(2r+1)x.$$

Indem man mit (2) und (1) in die MATHIEUsche Differentialgleichung (1) von III, 1 eingeht und die Reihe (1) von III, 2 a benutzt, entstehen zur Bestimmung der Koeffizienten b die Gleichungen:

(3) $$\left(\frac{\lambda}{4} - \frac{1}{4} + \frac{h^2}{4}\right)b_1 - \frac{h^2}{4}b_3 = \frac{1}{2}FA_{2n+1,1};$$

(4) $$\left(\frac{\lambda}{4} - \left(r + \frac{1}{2}\right)^2\right)b_{2r+1} - \frac{h^2}{4}(b_{2r-1} + b_{2r+3}) = F\left(r + \frac{1}{2}\right)A_{2n+1,2r+1}.$$

Außer den b sind in diesen Gleichungen alle Größen als schon bekannt vorausgesetzt, also λ, h^2 und die A_{2n+1} bereits nach III, 2 b oder III, 2 d berechnet. Zur Auflösung von (3) und (4) setze man zunächst alle A Null außer etwa $A_{2n+1, 2m+1}$. Der so erhaltene b-Wert sei $b_{2r+1}^{(2m+1)}$ genannt. Dann ist

(5) $$b_{2r+1} = \sum_{m=0}^{\infty} b_{2r+1}^{(2m+1)}.$$

Man kann zeigen, daß (5) absolut konvergent ist und daß die nach (5) erhaltenen b_{2r+1} die Eigenschaft haben, daß

$$\sum_{r=0}^{\infty}(2r+1)^2 b_{2r+1}$$

absolut konvergiert. Für weitere Einzelheiten der Rechnung sei auf die Literatur verwiesen.

Das asymptotische Verhalten dieser Funktionen kann etwa nach III, 3 c berechnet werden.

5. MATHIEUsche Gleichung mit einer rein imaginären unabhängigen Veränderlichen.

Bei der Transformation der zweidimensionalen Wellengleichung auf elliptische Koordinaten (I, 1 d) ergab sich außer der in den vorigen Abschnitten III, 1 bis III, 4 behandelten MATHIEUschen Differentialgleichung

(1) $$\frac{d^2 u}{dx^2} + u(\lambda - 2h^2 \cos 2x) = 0$$

auch die Gleichung

(2) $$\frac{d^2 u}{dx^2} + u(-\lambda + 2h^2 \mathfrak{Coj}\, 2x) = 0,$$

die aus (1) hervorgeht, indem man ix an der Stelle von x schreibt. Wir beschäftigen uns hier mit der Integration von (2), wobei viele Ergebnisse aus den vorhergehenden Abschnitten benutzt werden können. Zunächst ist klar, daß die Lösungen, welche in den Abschnitten III, 2 und III, 4 für die Gleichung (1) angegeben wurden, sofort Lösungen von (2) ergeben, wenn x durch ix ersetzt wird. Die auftretenden Hyperbelfunktionen werden im Betrag schon für mäßige x groß; für eine gliedweise numerische Rechnung sind daher die so erhaltenen Reihen nicht sehr geeignet.

a) Zugeordnete MATHIEUsche Funktionen erster, zweiter und dritter Art. Charakterisierung durch ihr asymptotisches Verhalten.

Entsprechend den vier Typen MATHIEUscher Funktionen erster Art haben wir auch vier Typen zugeordneter MATHIEUscher Funktionen erster Art, die der Differentialgleichung (2) von III, 5 genügen und die bis auf einen gleichgültigen konstanten Faktor in MATHIEUsche Funktionen erster Art übergehen, wenn man in ihnen x durch ix ersetzt. Gleiches kann gesagt werden über die zugeordneten Funktionen zweiter Art. Die zugeordneten MATHIEUschen Funktionen dritter Art sind eine lineare Kombination jener erster und zweiter Art, die derart gewählt ist, daß für $x \to \infty$ die betreffenden Funktionen bis auf einen konstanten Faktor in

$$\frac{e^{-ikr}}{\sqrt{r}}, \quad \text{wobei} \quad r = \frac{c}{2} e^x \quad \text{und} \quad 2h^2 = k^2 \frac{c^2}{2},$$

übergehen.

Nach diesen Definitionen kann aus den Formeln von III, 3 c und III, 1 e das asymptotische Verhalten der zugeordneten Funktionen erster und zweiter Art abgeleitet werden für $x \to \infty$. Denn in den Abschnitten III, 3 c und III, 1 e wurde vorausgesetzt: $2h^2 \cos 2x$ groß. Hier nehmen wir zwar h von vornherein nicht, wie dort, groß an, dafür aber $2h^2 \mathfrak{Cof} 2x$ groß, was in den Formeln wesentlich das gleiche Ergebnis liefert (33, S. 316; 89; 93; 94; 66; 68).

Wir wählen hier einen Weg, der davon ausgeht, daß in (2) von (III, 5) $2h^2 \mathfrak{Cof} 2x \sim h^2 e^{2x} = y^2$ gesetzt wird. Es ergibt sich (24):

$$(1) \qquad \frac{d^2 u}{dy^2} + \frac{1}{y} \frac{du}{dy} + u\left(-\frac{\lambda}{y^2} + 1\right) = 0.$$

Zwei linear unabhängige Integrale dieser Gleichung sind:

$$I_{\sqrt{\lambda}}(y) \quad \text{und} \quad N_{\sqrt{\lambda}}(y),$$

wobei in üblicher Weise I und N BESSELsche Funktionen erster und zweiter Art (die letztere nach C. NEUMANNS Definition) darstellen. Für großes y verhalten diese Funktionen sich bzw. wie

$$\frac{\cos(y+\alpha)}{\sqrt{y}} \quad \text{und} \quad \frac{\sin(y+\alpha)}{\sqrt{y}},$$

wobei ein konstanter Faktor fortgelassen wurde. Die Phasenkonstante α hängt in einfacher Weise von λ ab (20, S. 373). Als Funktionen dritter Art führen wir ein:
$$I - iN.$$

Diese HANKELsche Funktion (64, S. 95 und S. 102) verhält sich für $y \to \infty$ wie
$$\frac{e^{-i(y+\alpha)}}{\sqrt{y}},$$

wobei wieder ein konstanter Faktor fortgelassen wurde. Die so erhaltenen Funktionen dritter Art haben somit das oben für diese Funktionen geforderte asymptotische Verhalten. Durch die gerade skizzierte Ableitung ist zugleich der Zusammenhang mit den BESSELschen, HANKELschen und Kreisfunktionen angedeutet worden.

Die zugeordneten Funktionen erster und zweiter Art, die man durch Einsetzen von ix als unabhängige Veränderliche in die gewöhnlichen MATHIEUschen Funktionen erhält, werden im allgemeinen nicht identisch mit den gerade eingeführten sein, sondern aus einer linearen Kombination dieser Funktionen bestehen. Namentlich für die Funktionen zweiter Art dürfte die Bestimmung der Multiplikationskonstanten nicht leicht sein (33; 94).

Wir werden die zugeordneten Funktionen erster Art mit $\mathfrak{C}^{(1)}$ bzw. $\mathfrak{S}^{(1)}$ bezeichnen; jene zweiter Art (ungerade und gerade) bzw. mit $\mathfrak{C}^{(2)}$ und $\mathfrak{S}^{(2)}$; jene Funktionen dritter Art, die sich asymptotisch wie $e^{-iy}/\sqrt{y}$ verhalten, mit $\mathfrak{C}^{(3)}$ bzw. $\mathfrak{S}^{(3)}$. Durch Angabe von Index und Argument wird die Bezeichnung vollständig.

b) Reihendarstellung der zugeordneten Funktionen nach E. HEINE.

Zur praktischen Berechnung der zugeordneten Funktionen sind die von E. HEINE (*42*, I, S. 414) gegebenen Reihendarstellungen geeignet. Diese Darstellungen sind leicht abzuleiten, wenn man annimmt, eine stetige Funktion $F(\xi, \eta)$ lasse sich nach Produkten $\mathfrak{C}_n^{(1)}(\xi)\, C_n^{(1)}(\eta)$ oder entsprechenden für ungerade Funktionen entwickeln (zweidimensionale Fourierentwicklung), wobei die Entwicklungsfunktionen $\mathfrak{C}_n^{(1)}$ bzw. $C_n^{(1)}$ den Differentialgleichungen (2a) und (2b) von I, 1 d genügende zugeordnete MATHIEUsche bzw. MATHIEUsche Funktionen erster Art n-ter Ordnung sind.

Als zu entwickelnde Funktion nehme man

$$\cos k x = \cos(k c \, \mathfrak{Cof}\, \xi \cos \eta)$$

[Gleichung (1) von I, 1 d],

(1) $$\cos(k c \, \mathfrak{Cof}\, \xi \cos \eta) = \sum a_n \cdot \mathfrak{C}_{2n}^{(1)}(\xi) \cdot C_{2n}^{(1)}(\eta).$$

Wir multiplizieren links und rechts in (1) mit $C_{2n}^{(1)}(\eta)$ und integrieren über η von 0 bis 2π. Es ergibt sich:

(1a) $$\frac{1}{2\pi}\int_0^{2\pi} C_{2n}^{(1)} \cdot \cos(k c \, \mathfrak{Cof}\, \xi \cos \eta)\, d\eta = a_n p_n \mathfrak{C}_{2n}^{(1)}(\xi),$$

wobei a_n und p_n für das weitere gleichgültige Konstante sind. Für das Integral links findet man unter Gebrauchmachung von

$$C_{2n}^{(1)} = \sum_{m=0}^{\infty} A_{2n, 2m} \cos 2m\eta$$

und (*102*, S. 60)

$$I_{2n}(u) = \frac{(-1)^n}{2\pi}\int_0^{2\pi} \cos(u \cos \eta) \cdot \cos 2n\eta \cdot d\eta$$

(2) $$\mathfrak{C}_{2n}^{(1)}(\xi) = \sum_{m=0}^{\infty} A_{2n, 2m} (-1)^m I_{2m}(k c \, \mathfrak{Cof}\, \xi).$$

Die Koeffizienten $A_{2n, 2m}$ sind aus (2) von (III, 2a) bekannt. Für $\xi \to \infty$ gilt mit einem konstanten Faktor C:

(3) $$\lim_{\xi \to \infty} \mathfrak{C}_n^{(1)}(\xi) = C \cdot \frac{\cos\left(k \frac{c}{2} e^\xi\right)}{\sqrt{k \frac{c}{2} e^\xi}} = C \frac{\cos k r}{\sqrt{k r}}$$

mit

$$r = \frac{c}{2} e^\xi \quad \text{(vergl. III, 5a)},$$

d. h. (2) ist nach der Definition des vorigen Abschnittes eine zugeordnete Funktion erster Art. Die übrigen drei Typen zugeordneter Funktionen erster Art erhält man durch Reihenentwicklung der Ausdrücke $\sin(k c \, \mathfrak{Sin}\, \xi \sin \eta)$; $\sin(k c \, \mathfrak{Cof}\, \xi \cos \eta)$; $\cos(k c \, \mathfrak{Sin}\, \xi \sin \eta)$. Die so erhaltenen Reihen wurden von E. SÄRCHINGER (*117*) direkt aus der Differentialgleichung abgeleitet. Dabei werden nur Beziehungen gebraucht, die außer für die BESSELschen Funktionen erster Art I_n auch für jene zweiter Art N_n und für die HANKELschen Funktionen $H_n^{(2)}$ gelten. Wir können daher diese letzteren beiden Funktionstypen an Stelle von I_n in die Reihen einsetzen und erhalten so Darstellungen der zugeordneten Funktionen zweiter und dritter Art. Die so definierten Funktionen (auf die Konvergenz der Reihen kommen wir in III, 5 d zurück) sind lineare Kombinationen der zugeordneten Funktionen zweiter und dritter Art, die entstehen, wenn man in die gewöhnlichen MATHIEUschen Funktionen zweiter und erster Art (III, 4 und III, 2) eine rein imaginäre unabhängige Veränderliche einsetzt. Die Multiplikationskonstanten dieser linearen Kombinationen zu bestimmen, ist keine leichte Aufgabe. Für viele praktische Anwendungen ist aber diese Bestimmung nicht notwendig.

c) Reihendarstellung der zugeordneten Funktionen nach B. SIEGER.

Für die vier Typen der zugeordneten MATHIEUschen Funktionen erster Art hat B. SIEGER (*121*) Reihen abgeleitet durch Fourierentwicklung der Ausdrücke: $I_0(kr)$; $I_1(kr)\sin\vartheta$; $I_1(kr)\cos\vartheta$; $I_2(kr)\sin 2\vartheta$ mit $r\cos\vartheta = c\,\mathfrak{Cos}\,\xi\cos\eta$ und $r\sin\vartheta = c\,\mathfrak{Sin}\,\xi\sin\eta$. Wir werden hier die Ableitung zweier Reihen geben, die SIEGER nicht explizite angibt.

Es ist (*102*, S. 280; *147*, S. 363, (1))

(1) $\quad \dfrac{kc}{8r} I_1(kr)\cos\vartheta = \cos\vartheta \sum_{m=1}^{\infty} (-1)^{m-1}\cdot m\cdot I_m\!\left(\dfrac{kc}{2}e^{\xi}\right)\cdot I_m\!\left(\dfrac{kc}{2}e^{-\xi}\right)\cdot K_{1m}(\cos 2\eta)$

und

(2) $\quad \begin{cases} \mathfrak{C}_{2n+1}^{(1)} = \dfrac{1}{\pi}\displaystyle\int_0^{2\pi} \dfrac{k}{8} I_1(kr)\cdot\cos\vartheta\cdot C_{2n+1}^{(1)}\, d\eta = \\[1ex] \mathfrak{C}_{2n+1}^{(1)} = \dfrac{\mathfrak{Cos}\,\xi}{\pi}\dfrac{kc}{8r}\displaystyle\int_0^{2\pi} I_1(kr)\cdot\cos\eta\cdot C_{2n+1}^{(1)}\, d\eta = \\[1ex] \mathfrak{C}_{2n+1}^{(1)} = \mathfrak{Cos}\,\xi\cdot\displaystyle\sum_{m=1}^{\infty} a_{2n+1,m}\cdot I_m(he^{\xi})\cdot I_m(he^{-\xi}). \end{cases}$

Weiter gilt:

$$C_{2n+1}^{(1)} = \sum_{l=0}^{\infty} A_{2n+1,2l+1}\cdot\cos(2l+1)\eta\,.$$

Also ist

$$a_{2n+1,m} = (-1)^{m-1}\cdot m\cdot \sum_{l=0}^{\infty} A_{2n+1,2l+1}\cdot\dfrac{1}{\pi}\int_0^{2\pi} K_{1m}(\cos 2\eta)\cdot\cos\eta$$
$$\cdot\cos(2l+1)\eta\cdot d\eta\,.$$

5. Mathieusche Gleichung mit einer rein imaginären Variablen.

Hieraus folgt mit

$$\cos\eta \cdot K_{1m}(\cos 2\eta) = \cos\eta \cdot \frac{\sin(2m+2)\eta}{\sin 2\eta} = \cos(2m+1)\eta$$
$$+ \cos(2m-1)\eta + \cdots,$$

(3) $\quad a_{2n+1,m} = (-1)^m \cdot m \cdot \{A_{2n+1,1} + A_{2n+1,3} + \cdots A_{2n-1,2m-1}\}.$

Die Formeln (2) und (3) ergeben die gesuchte Reihendarstellung. Man erhält die Reihe für $\mathfrak{S}_{2n+1}^{(3)}$, wenn statt (1) die Entwicklung der HANKELschen Funktion zweiter Art erster Ordnung benutzt wird. Es entsteht:

(4) $\quad \mathfrak{S}_{2n+1}^{(3)} = \sum_{m=1}^{\infty} a_{2n+1,m} H_m^{(2)}(he^{\xi}) \cdot I_n(he^{-\xi}),$

wobei wieder die a durch (3) gegeben sind.

Analog verläuft die Ableitung der Formel:

(5) $\quad \mathfrak{S}_{2n}^{(1)} = \mathfrak{Sin}\,\xi \cdot \mathfrak{Cos}\,\xi \cdot \sum_{m=1}^{\infty} b_{2n,m} \cdot I_{m+1}(he^{\xi}) \cdot I_{m+1}(he^{-\xi})$

durch Entwicklung des Ausdruckes [*102*, S. 280; *147*, S. 362, (1)]

$$I_2(kr)\sin 2\vartheta = k^2 r^2 \cdot \frac{I_2(kr)}{(kr)^2}\sin 2\vartheta =$$

$$k^2 r^2 \sin 2\vartheta \cdot \frac{4 \cdot 16}{k^2 c^2} \cdot \sum_{m=0}^{\infty}(-1)^m \cdot (2+m) \cdot I_{2+m}(he^{\xi}) \cdot I_{2+m}(he^{-\xi}) \cdot K_{2,m}(\cos 2\eta)$$

nach MATHIEUschen Produkten. Hierbei ist:

$$2K_{2,m}(\cos 2\eta) = \frac{dK_{1,m+1}(\cos 2\eta)}{d(\cos 2\eta)}$$
$$= -\frac{(m+2)\cos(2m+4)\eta}{\sin^2 2\eta} + \frac{\sin(2m+4)\eta}{\sin^3 2\eta} \cdot \cos 2\eta.$$

Man findet nach einer einfachen Rechnung:

(6) $\quad b_{2n,m} = 64 \cdot (-1)^m \cdot (2+m) \cdot \frac{1}{\pi}\int_0^{2\pi}\sum_{l=1}^{\infty} A_{2n,2l} \cdot \sin 2l\eta \cdot \sin 2\eta \cdot K_{2,m} \cdot d\eta,$

wobei die $A_{2n,2l}$ aus III, 2a bekannt sind.

Diese Summe enthält nach Integration nur endlich viele Glieder. Zusammen mit den Reihen (*121*):

$$\mathfrak{S}_{2n}^{(1)} = \sum_{m=0}^{\infty} A_{2n,2m} \cdot I_m(he^{\xi}) \cdot I_m(he^{-\xi});$$

$$\mathfrak{S}_{2n+1}^{(1)} = \mathfrak{Sin}\,\xi \sum_{m=1}^{\infty} b_{2n+1,m} \cdot I_m(he^{\xi}) \cdot I_m(he^{-\xi});$$

$$b_{2n+1,m} = m\{B_{2n+1,1} - B_{2n+1,3} + \cdots (-1)^{m+1}B_{2n+1,2m-1}\}$$

und entsprechenden Reihen für die Funktionen zweiter und dritter Art [vgl. (4)] sind hiermit sämtliche zugeordnete Funktionen nach SIEGER in Reihen aus BESSELschen bzw. HANKELschen Funktionen entwickelt.

d) Konvergenzfragen bei diesen Darstellungen.

Für die Anwendung (*121; 135*) ist es wichtig, über die Konvergenz jener Darstellungen im klaren zu sein, welche aus den Entwicklungen von III, 5 b und III, 5 c folgen für $\mathfrak{C}^{(3)}$ und $\mathfrak{S}^{(3)}$, also für die zugeordneten Funktionen dritter Art nach der Definition von III, 5 a.

Wir betrachten hier insbesondere die Darstellungen von $\mathfrak{C}^{(3)}_{2n}$ nach E. Heine:

(1) $$\mathfrak{C}^{(3)}_{2n} = \sum_{m=0}^{\infty} A_{2n,2m} \cdot (-1)^m \cdot H^{(2)}_{2m}(2h\,\mathfrak{Cof}\,\xi),$$

bzw.

(2) $$\mathfrak{C}^{(3)}_{2n} = \sum_{m=0}^{\infty} A_{2n,2m} \cdot H^{(2)}_{2m}(2h\,\mathfrak{Sin}\,\xi).$$

J. Schubert (*119*) hat gezeigt, daß die Reihe (1) bei $i\xi = \varphi$ divergiert für $|\cos\varphi| < 1$ und die Reihe (2) für $|\sin\varphi| < 1$. Beide Reihen sind unbrauchbar für $\xi = 0$.

Dagegen kann mit Hilfe des Cauchyschen Konvergenzkriteriums leicht gezeigt werden, daß B. Siegers Darstellung:

(3) $$\mathfrak{C}^{(3)}_{2n} = \sum_{m=0}^{\infty} A_{2n,2m} (-1)^m H^{(2)}_{2m}(he^\xi)\, I_{2m}(he^{-\xi}),$$

für alle endliche ξ konvergiert, also insbesondere wohl für $\xi = 0$ brauchbar ist. Eine Anwendung findet man im Abschnitt V, 1 d.

Von den übrigen Darstellungen B. Siegers kann gezeigt werden, daß sie für $\xi > 0$ konvergieren.

6. Allgemeine Bemerkungen über Mathieusche Funktionen.

Der in den vorhergehenden Abschnitten gegebene Überblick über die Lösungen der Mathieuschen Differentialgleichung weicht in mehreren, allerdings zum Teil nur formalen Punkten von den sonst in der Literatur gegebenen Zusammenstellungen ab. Hierdurch sind einige Bemerkungen über die hier gebrauchten Bezeichnungen am Platz. Andererseits haben sich durch diesen Überblick eine Fülle von Einzelproblemen aufgetan. Einige dieser Probleme besonders zu nennen, ist das zweite Ziel dieses Abschnittes.

a) Bemerkungen über die Bezeichnung der Mathieuschen Funktionen.

Die Abschnitte III, 2 bis III, 5 befassen sich mit den Lösungen der Mathieuschen Differentialgleichungen:

(1) $$\frac{d^2 u}{d\eta^2} + u(\lambda - 2h^2 \cos 2\eta) = 0;$$

(2) $$\frac{d^2 u}{d\xi^2} + u(-\lambda + 2h^2\,\mathfrak{Cof}\,2\xi) = 0,$$

welche zu λ- und h-Werten gehören, die auf den Grenzkurven zwischen labilen und stabilen Lösungsgebieten (III, 3) der Mathieuschen Differentialgleichung (1), d. h. auf den Kurven der Fig. 3, liegen. Diese Lösungen haben wir MATHIEUsche Funktionen genannt. Die *periodischen* Lösungen von (1) entlang diesen Kurven nennen wir MATHIEUsche Funktionen erster Art $S_n^{(1)}$ bzw. $C_n^{(1)}$. In der Literatur (z. B. *33*) findet man hierfür vielfach die Bezeichnungen se_n bzw. ce_n. Die Lösungen von (2), welche aus den MATHIEUschen Funktionen erster Art entstehen (bis auf einen konstanten Faktor), indem η durch $i\xi$ ersetzt wird, nennen wir zugeordnete MATHIEUsche Funktionen erster Art $\mathfrak{C}_n^{(1)}$ bzw. $\mathfrak{S}_n^{(1)}$. In der Literatur nennt man diese Funktionen oft Se_n bzw. Ce_n. Die *nicht*periodischen Lösungen von (1) entlang den Grenzkurven nennen wir MATHIEUsche Funktionen zweiter Art $S_n^{(2)}$ bzw. $C_n^{(2)}$. Hierbei bilden stets $S_n^{(1)}$ und $S_n^{(2)}$ bzw. $C_n^{(1)}$ und $C_n^{(2)}$ ein Fundamentallösungspaar. Es ist $S_n^{(2)}$ eine *gerade* und $C_n^{(2)}$ eine *ungerade* Funktion von η. In der Literatur findet man hierfür jn und in.

Als zugeordnete MATHIEUsche Funktionen zweiter Art $C_n^{(2)}$ und $\mathfrak{S}_n^{(2)}$ bezeichnen wir lineare Kombinationen zugeordneter Funktionen erster Art und jener zugeordneten Funktionen, die aus den MATHIEUschen Funktionen zweiter Art durch Einsetzen einer rein imaginären unabhängigen Veränderlichen entstehen. In der Literatur (*33*) findet man für die zugeordneten Funktionen zweiter Art die Bezeichnungen In und Jn. Wir haben die zugeordneten Funktionen erster und zweiter Art im Abschnitt III, 5 a durch ihr asymptotisches Verhalten charakterisiert. In gleicher Weise haben wir als lineare Kombination der zugeordneten Funktionen erster und zweiter Art noch in Anwendungen oft vorkommende zugeordnete MATHIEUsche Funktionen dritter Art durch ihr asymptotisches Verhalten festgelegt (III, 5 a). Für diese letzteren Funktionen fehlte bisher eine besondere Bezeichnung. Schließlich bleibt noch zu bemerken, daß von jeder der erwähnten (im ganzen 5) Funktionsklassen entsprechend den vier Typen MATHIEUscher Funktionen erster Art (III, 2, a) auch vier Typen auftreten.

b) Entartungen der MATHIEUschen Funktionen; WEBER-HERMITEsche und BESSELsche Funktionen.

Zunächst behandeln wir die Entartung der MATHIEUschen Funktionen oder Funktionen des elliptischen Zylinders in WEBER-HERMITEsche Funktionen oder Funktionen des parabolischen Zylinders.

Die MATHIEUsche Differentialgleichung:

$$\frac{d^2 u}{dx^2} + (\lambda + 2h^2 \cos 2x) u = \frac{d^2 u}{dx^2} + \left[\lambda + 2h^2 \left(1 - 2x^2 + \frac{2}{3} x^4 + \cdots\right)\right] \cdot u = 0$$

geht durch die Transformation:

$$x = \xi/\sqrt{2h}$$

über in

(1) $$\frac{d^2 u}{d\xi^2} + \left[\frac{\lambda + 2h^2}{2h} - \xi^2 + \frac{\xi^4}{6h} + O\left(\frac{1}{h^2}\right)\right] \cdot u = 0.$$

Lassen wir jetzt h unendlich groß werden, so geht (1) über in:

(2) $$\frac{d^2u}{d\xi^2} + [\Lambda - \xi^2]u = 0,$$

d. h. in die Differentialgleichung der Funktionen des parabolischen Zylinders (*20*, S. 261; *151*, S. 347; *148*), deren Lösungen von den HERMITEschen Polynomen (*20*, S. 76):

$$H_n(x) = (-1)^n e^{x^2} \frac{d^n}{dx^n}(e^{-x^2})$$

gebildet werden, mit den Eigenwerten: $\Lambda - 1 = 0, 2, 4, 6, \ldots$ Mit Hilfe der Gleichung (2) kann man einige Sätze über die Nullstellen und über das asymptotische Verhalten der Eigenwerte der MATHIEUschen Funktionen ableiten (*58*), insbesondere die mit unseren Gleichungen (2) und (3) von II, 3 c äquivalenten Formeln für die MATHIEUsche Differentialgleichung. Es braucht kaum bemerkt zu werden, daß eine mit (2) identische Differentialgleichung auch aus der Differentialgleichung der zugeordneten MATHIEUschen Funktionen entsteht bei Anwendung der oben benutzten Transformationsformel.

Wie aus den elliptischen Koordinaten:

$$x = c\,\mathfrak{Cof}\,\xi\,\cos\eta;$$
$$y = c\,\mathfrak{Sin}\,\xi\,\sin\eta$$

die Zylinderkoordinaten

$$x = r\cos\varphi;$$
$$y = r\sin\varphi$$

entstehen für $c \to 0;\ \xi \to \infty;\ \dfrac{c}{2}e^\xi \to r$, so entsteht, wie bereits im Abschnitt III, 5 a gezeigt, aus

$$\frac{d^2u}{dx^2} + u(-\lambda + 2h^2\,\mathfrak{Cof}\,2x) = 0$$

mit

$$2h^2\,\mathfrak{Cof}\,2x \sim h^2 e^{2x} = y^2$$

die Differentialgleichung

$$\frac{d^2u}{dy^2} + \frac{1}{y}\frac{du}{dy} + u\left(-\frac{\lambda}{y^2} + 1\right) = 0,$$

die durch BESSELsche bzw. HANKELsche Zylinderfunktionen gelöst werden kann. Die Differentialgleichung der gewöhnlichen MATHIEUschen Funktionen geht im hier behandelten Grenzfall in jene der Kreisfunktionen über.

Besonders deutlich läßt sich der Übergang von zugeordneten MATHIEUschen zu BESSELschen Funktionen an der E. HEINEschen Darstellung (2) von III, 5 b zeigen:

$$\mathfrak{Ce}_{2n}^{(1)}(\xi) = \sum_{m=0}^{\infty} A_{2n,2m}(-1)^m I_{2m}(2h\,\mathfrak{Cof}\,\xi).$$

6. Allgemeine Bemerkungen über MATHIEUsche Funktionen.

Unter den obenerwähnten Bedingungen, insbesondere $c \to 0$ und folglich $h \to 0$ sind nach III, 2 c alle $A_{2n,\,2m}$ für $m \neq n$ Null. Folglich ist:

$$\lim \mathfrak{C}_{2n}^{(1)} = (-1)^n I_{2n}(kr), \quad \text{wobei} \quad h = \frac{kc}{2}.$$

c) Weitere Fragen über die MATHIEUsche Differentialgleichung.

Obwohl durch die neueren Untersuchungen, von denen einige hier erwähnt sind, ein gewisser Überblick über die wichtigsten Eigenschaften der MATHIEUschen Funktionen gewonnen ist, klafft doch noch manche Lücke in unserem Wissen über diese Funktionen.

Interessant ist die Untersuchung des asymptotischen Verhaltens der MATHIEUschen Funktionen zweiter Art, die Zuordnung der asymptotischen Ausdrücke zu den direkt berechneten (III, 4 b; III, 4 c); die Zuordnung der asymptotischen Ausdrücke für die zugeordneten MATHIEUschen Funktionen zu den Ausdrücken, welche direkt aus den Formeln für die MATHIEUschen Funktionen gewonnen werden; ferner die Bestimmung der konstanten Multiplikatoren, welche die verschiedenen Darstellungen der zugeordneten MATHIEUschen Funktionen ineinander überführen. Einige Schritte zur Lösung dieser Fragen findet man bei R. MACLAURIN (*89*) und S. GOLDSTEIN (*33*).

Eine weitere interessante Frage ist jene der Beziehungen zwischen den verschiedenen MATHIEUschen Funktionen. Neuerdings sind hierbei von E. T. WHITTAKER (*150*) gewisse Rekursionsformeln aufgestellt worden, die dann von R. S. VARMA (*144*) zur Auswertung einiger Integrale benutzt wurden.

Entsprechend den im Abschnitt II, 2 c erwähnten Fragestellungen ist auch bei der MATHIEUschen Differentialgleichung die Betrachtung komplexer und insbesondere rein imaginärer Parameter h^2 und der zugehörigen λ-Werte, welche zu periodischen Lösungen Anlaß geben, interessant. Der Fall eines rein imaginären h^2 kann praktisches Interesse beanspruchen, da er bei der Berechnung der elektrischen Wirbelströme in elliptischen Zylindern auftritt (*126; 89*).

Von H. P. MULHOLLAND und S. GOLDSTEIN (*100*) sind für den zuletzt genannten Fall nach der in III, 2 d erwähnten Berechnungsmethode einige numerische Ergebnisse erzielt worden.

IV. LAMÉsche Differentialgleichung.

Wie in I, 1 e bemerkt, nennen wir LAMÉsche Differentialgleichung:

(1) $\qquad C \dfrac{d}{d\nu}\left(C \dfrac{dN}{d\nu}\right) + (H\nu^4 + K\nu^2 + L)N = 0,$

wobei
$$C^2 = \frac{(\nu^2 - a^2)(\nu^2 - b^2)(\nu^2 - c^2)}{\nu^2},$$

oder eine der Gleichungen, die aus (1) hervorgehen, wenn $a = b$ (abgeplattetes) oder $b = c$ (gestrecktes Rotationsellipsoid) ist (vgl. IV, 6, b). In der Literatur hat bisher jene Gleichung am meisten Beachtung gefunden, die aus (1) für $H = 0$ entsteht. Wie aus Abschnitt I, 1 c zu ersehen, entsteht diese letztere Differentialgleichung, wenn man die LAPLACEsche Potentialgleichung:

$$\frac{\partial^2 u}{\partial x^2} + \frac{\partial^2 u}{\partial y^2} + \frac{\partial^2 u}{\partial z^2} = 0$$

auf elliptische Koordinaten transformiert. Wir werden daher LAMÉsche Differentialgleichungen, die aus (1) oder einer der Entartungen im Falle von Rotationsellipsoiden entstehen für $H = 0$, als „LAMÉsche Potentialgleichungen" bezeichnen.

1. LAMÉsche Potentialfunktionen auf einer Ellipsoidfläche.

Als LAMÉsche Funktionen auf einer Ellipsoidfläche bezeichnen wir (unten näher definierte) Lösungen der Differentialgleichung (1) von IV, wobei die unabhängige Veränderliche entweder im Intervall $a > \nu > b$ oder im Intervall $b > \nu > c$ liegt. Wir betrachten somit Lösungen der Gleichungen (3 b) und (3 c) von I, 1 c. Wenn man ϱ aus Abschnitt I, 1 c konstant hält und nur ν und μ variieren läßt, bewegt man sich auf der Oberfläche eines Ellipsoides. Daher nennen wir die in diesem Abschnitt zu behandelnden Funktionen Ellipsoidflächenfunktionen.

a) Aufzählung von vier Arten LAMÉscher Potentialfunktionen auf einer Ellipsoidfläche.

Insbesondere bezeichnen wir als LAMÉsche *Potentialfunktionen* auf einer Ellipsoidfläche Lösungen der Differentialgleichung

(1) $$C \frac{d}{d\nu} \left(C \frac{dN}{d\nu} \right) + (K\nu^2 + L) N = 0 ,$$

die Polynome in ν^2 sind, multipliziert mit einem oder mit mehreren der Faktoren 1, $\sqrt{\nu^2 - a^2}$, $\sqrt{\nu^2 - b^2}$, $\sqrt{\nu^2 - c^2}$. Wir haben somit folgende Funktionsarten:

1. Art $\quad N = \Pi(\nu^2)$;

2. Art $\quad \begin{cases} N = \Pi(\nu^2) \cdot \sqrt{\nu^2 - a^2}; \\ N = \Pi(\nu^2) \cdot \sqrt{\nu^2 - b^2}; \\ N = \Pi(\nu^2) \cdot \sqrt{\nu^2 - c^2}; \end{cases}$

3. Art $\quad \begin{cases} N = \Pi(\nu^2) \cdot \sqrt{(\nu^2 - c^2)(\nu^2 - b^2)}; \\ N = \Pi(\nu^2) \cdot \sqrt{(\nu^2 - a^2)(\nu^2 - b^2)}; \\ N = \Pi(\nu^2) \cdot \sqrt{(\nu^2 - a^2)(\nu^2 - c^2)}; \end{cases}$

4. Art $\quad N = \Pi(\nu^2) \cdot \sqrt{(\nu^2 - a^2)(\nu^2 - b^2)(\nu^2 - c^2)}$;

also einen Funktionstyp erster Art, drei Typen zweiter Art, drei Typen dritter Art und einen Typ vierter Art. Hierbei ist unter $\Pi(\nu^2)$ ein Polynom verstanden.

Durch Einführung einer neuen unabhängigen Veränderlichen u mit Hilfe der WEIERSTRASSschen $\wp$-Funktion (*50*, S. 162; *151*, S. 433):

$$\frac{d\wp}{du} = 2\sqrt{(\wp - e_1)(\wp - e_2)(\wp - e_3)} = 2\sqrt{(\nu^2 - a^2)(\nu^2 - b^2)(\nu^2 - c^2)} = 2C\nu;$$

$$3e_1 = 2a^2 - b^2 - c^2;$$

$$3e_2 = 2b^2 - c^2 - a^2;$$

$$3e_3 = 2c^2 - a^2 - b^2;$$

$$\nu^2 = \wp + \frac{a^2 + b^2 + c^2}{3}$$

geht die LAMÉsche Gleichung (1) über in (*109*, S. 118):

(2) $$\frac{d^2N}{du^2} + (K\wp(u) + L')N = 0;$$

$$L' = K\frac{a^2 + b^2 + c^2}{3} + L.$$

Da $\wp(u)$ eine doppeltperiodische Funktion von u ist, hat (2) die allgemeine Form der HILLschen Differentialgleichung (1) von (II, 1), wobei allerdings zwei im allgemeinen komplexe Perioden vorkommen. Diese Verhältnisse sind analog zu denen bei der Transformation der konfluenten hypergeometrischen Differentialgleichung auf die HILLsche-Form (II, 1 a), wobei eine komplexe Periode auftritt. Es ist leicht einzusehen, daß auch die Differentialgleichungen der Abschnitte I, 1 a und I, 1 b, die aus der Gleichung (2) entstehen für die Sonderfälle eines Rotationsellipsoides, die HILLsche Form haben. Hierzu hat man nur statt $\cos\Theta = \mu$ die Winkelkoordinate Θ beizubehalten und die so entstehenden Gleichungen auf die HILLsche Form zu transformieren. Für die Transformationsformeln vgl. (*116*, I, 246). Die LAMÉschen Potentialfunktionen auf einer Ellipsoidfläche sind somit Polynome in $\wp(u)$, multipliziert mit einem oder mehreren der Faktoren 1, $\sqrt{\nu^2 - a^2}$, $\sqrt{\nu^2 - b^2}$, $\sqrt{\nu^2 - c^2}$, d. h. doppeltperiodische Funktionen von u.

b) Eigenwerte der Ellipsoidflächenfunktionen; Abzählung der verschiedenen Funktionen vorgegebener Ordnung.

Nehmen wir an, N sei ein Polynom des Grades $n/2$ in ν^2 und somit in $\wp(u)$, so schreibt sich die Potenzentwicklung von N wegen

$$\wp(u) = \frac{1}{u^2} + \alpha u^2 + \cdots:$$

$$N = \frac{a_0}{u^n} + \frac{a_1}{u^{n-2}} + \frac{a_2}{u^{n-4}} + \cdots.$$

Mit dieser Reihe gehen wir in die Gleichung (2) von (IV, 1 a) und finden:
$$\left[\frac{n(n+1)a_0}{u^{n+2}} + \frac{(n-1)(n-2)a_1}{u^n} + \cdots\right]$$
$$+ \left[K\left(\frac{1}{u^2} + \alpha u^2 + \cdots\right) + L'\right] \cdot \left[\frac{a_0}{u^n} + \frac{a_1}{u^{n-2}} + \cdots\right] = 0.$$

Nullsetzen der höchsten Potenz von $1/u$ ergibt:

(1) $$K = -n(n+1).$$

Zur Bestimmung von L' überlegen wir folgendes. Wenn n die Ordnung der LAMÉschen Ellipsoidflächenfunktion ist, so ist der Grad der Polynome $\Pi(\nu^2)$ bei den vier Funktionsarten bzw.

$$\frac{n}{2}, \quad \frac{n-1}{2}, \quad \frac{n-2}{2}, \quad \frac{n-3}{2}.$$

Für die Funktion erster Art hat man $\frac{n}{2}+1$ Koeffizienten eines Polynoms des Grades $n/2$ zu bestimmen. Das gibt nach Einsetzen in die Differentialgleichung $\frac{n}{2}+1$ lineare homogene Gleichungen für die Koeffizienten. Durch Elimination dieser $\frac{n}{2}+1$ Koeffizienten findet man eine Determinantengleichung, die auf eine Gleichung des Grades $\frac{n}{2}+1$ in L' führt. In ähnlicher Weise findet man bei den Funktionen zweiter, dritter und vierter Art bzw. Gleichungen des Grades $\frac{n+1}{2}$, $\frac{n}{2}$ und $\frac{n-1}{2}$ für L'. Jedem der so erhaltenen Wurzelwerte für L' entspricht eine LAMÉsche Flächenfunktion.

Wir können jetzt unter der Voraussetzung, daß sämtliche Wurzelwerte für L' voneinander verschieden und reell sind (was sich leicht beweisen läßt; vgl. *109*, S. 127; *2*, S. 151), die Anzahl verschiedener LAMÉscher Flächenfunktionen vorgegebener Ordnung n abzählen. Wenn n gerade ist, gibt es nur Funktionen erster und dritter Art. Ihre Anzahl ist $\frac{n}{2}+1+3\frac{n}{2} = 2n+1$. Für ungerades n gibt es nur Polynome zweiter und vierter Art. Ihre Anzahl ist $\frac{n-1}{2}+3\frac{n+1}{2} = 2n+1$. Es gibt also stets $2n+1$ verschiedene LAMÉsche Flächenfunktionen n-ter Ordnung. Man kann zeigen, daß sie linear unabhängig sind (*151*, S. 559).

c) Orthogonalitätseigenschaften der Ellipsoidflächenfunktionen.

Es sei M eine LAMÉsche Ellipsoidflächenfunktion, die derselben Differentialgleichung wie N genügt, nur mit μ als unabhängiger Veränderlicher an Stelle von ν. Wir nehmen zwei Produkte von Ellipsoidflächenfunktionen $M_n N_n$ und $M_m N_m$, wobei der untere Index die Ordnung angeben soll. Dann läßt sich beweisen (*109*, S. 131; *2*, S. 153), daß auf einem Ellipsoid $\varrho = $ const gilt:

(1) $$\int l \cdot M_n N_n \cdot M_m N_m \cdot d\sigma = 0,$$

wobei
$$l = \frac{1}{\sqrt{(\varrho - \mu^2)(\varrho - \nu^2)}}$$
und $d\sigma$ ein Oberflächenelement des Ellipsoides darstellt. Es ist über die ganze Ellipsoidoberfläche zu integrieren. Man kann zeigen, daß das Integral (1) nicht von ϱ abhängt. Die ϱ-Abhängigkeit von l hebt sich gegen diejenige von $d\sigma$ weg. Wenn die Entwickelbarkeit einer vorgegebenen Funktion $\Phi(\nu, \mu)$ nach Ellipsoidflächenfunktionen einmal bewiesen ist (*20*, S. 272; *144* b), kann diese Entwicklung mit Hilfe von (1) leicht durchgeführt werden.

Zur wirklichen Durchführung der Rechnung sind noch einige Formeln notwendig. Das Integral (1) läßt sich mittels der Variablen:
$$\wp(u) = \nu^2 - \frac{a^2 + b^2 + c^2}{3};$$
$$\wp(v) = \mu^2 - \frac{a^2 + b^2 + c^2}{3}$$
auf die Form:
$$\iint (\wp(u) - \wp(v)) \cdot M_n(u) N_n(u) \cdot M_m(v) N_m(v) \cdot du \cdot dv$$
bringen (*49*, S. 14). Für $m = n$ wird dieses Integral $8i\pi \cdot (\alpha\beta_1 - \beta\alpha_1)$, wobei $\alpha, \alpha_1, \beta, \beta_1$ die Konstanten der Entwicklung
$$(N(\nu^2))^2 = \alpha + \beta\wp(\nu) + \cdots$$
$$(\wp(\nu) \cdot N(\nu^2))^2 = \alpha_1 + \beta_1\wp(\nu) + \cdots$$
darstellen.

Auf Konvergenzfragen bei der Entwicklung einer vorgegebenen Funktion nach LAMÉschen Ellipsoidflächenfunktionen gehen wir nicht ein.

Theoreme über den Symmetriecharakter und über die Nullstellen der verschiedenen LAMÉschen Flächenfunktionen findet man in der Literatur (*49*, S. 13; *109*, S. 120—131; *151*, S. 560; *70*; *124*).

Eine interessante Beziehung der LAMÉschen Potentialfunktionen auf einer Ellipsoidfläche zu den LAPLACEschen Kugelflächenfunktionen läßt sich durch Projektion einer Ellipsoidfläche auf die Oberfläche der Einheitskugel ableiten (*49*, S. 9; *2*, S. 141; *20*, S. 265).

2. LAMÉsche Potentialfunktionen im Raum.

Während wir uns bisher auf LAMÉsche Ellipsoid*flächen*funktionen beschränkten, soll uns hier die Integration der LAPLACEschen Potentialgleichung im Raum durch LAMÉsche Produkte beschäftigen.

a) LAMÉsche Produkte.

Da nach (I, 1 c), wo H für unsere jetzige Überlegung gleich Null zu setzen ist, die drei Differentialgleichungen, in die sich die auf elliptische Koordinaten transformierte LAPLACEsche Gleichung aufspalten läßt, genau die gleiche Form haben, ist durch die obige Definition der

LAMÉschen Ellipsoidflächenfunktionen zugleich eine Funktion $R(\varrho^2)$ bekannt, derart daß

(1) $$R_n(\varrho^2) \cdot M_n(\mu^2) \cdot N_n(\nu^2)$$

ein Integral der LAPLACEschen Gleichung darstellt. Hierbei soll wieder n die Ordnung der LAMÉschen Funktionen angeben. Die LAPLACEsche partielle Differentialgleichung kann durch eine unendliche Reihe von Produkten (1) integriert werden. Die Konvergenz dieser Lösung im Innern eines Ellipsoides kann bewiesen werden unter den Voraussetzungen, a) daß der Bereich von ϱ beschränkt ist und b) daß die Lösung auf der Oberfläche des Ellipsoides (obere Schranke von ϱ) in eine Funktion von μ und ν übergeht, die in eine konvergente Reihe nach Ellipsoidflächenfunktionen entwickelbar ist (*144 b*). Hiermit ist das DIRICHLETsche Problem für das Innere eines Ellipsoides gelöst.

Die Funktionen $R_n(\varrho^2)$ wachsen für $\varrho \to \infty$ über alle Grenzen. Dies läßt sich leicht einsehen, denn in diesem Fall geht R_n, weil es ein Polynom n-ten Grades in ϱ ist, über in:

$$A \varrho^n \left(\left(1 + O \frac{1}{\varrho} \right) \right).$$

Hierbei ist A eine Konstante, und das Symbol O soll nach E. LANDAU andeuten, daß die hierin zusammengefaßten Ausdrücke sich für $\varrho \to \infty$ verhalten wie eine von ϱ unabhängige Konstante multipliziert mit ϱ^{-1}.

Durch dieses Verhalten von R_n ist klar, daß für den Raum außerhalb eines Ellipsoides als Lösung der LAPLACEschen Gleichung nicht eine Reihe von Produkten (1) angesetzt werden kann.

b) Zugeordnete LAMÉsche Funktionen.

Nach Abschnitt II, 4 b ist

(1) $$T_n = R_n \int_0^u \frac{2n+1}{R_n^2} du$$

eine von R unabhängige zweite Lösung der LAMÉschen Differentialgleichung. Diese Lösung verhält sich für $\varrho \to \infty$ wie ϱ^{-n-1}, ist also auch bei unbeschränktem ϱ verwendbar. Man bezeichnet sie als *zugeordnete* LAMÉsche Funktion (*109*, S. 134; *2*, S. 159; *151*, S. 562; *49*, S. 15; *16*, S. 258). Im Außenraum eines Ellipsoides kann die LAPLACEsche Differentialgleichung integriert werden durch eine unendliche Reihe von Produkten der Form:

(2) $$T_n(\varrho) \cdot M_n(\mu) \cdot N_n(\nu),$$

wobei wieder die Konvergenz der herauskommenden Reihen bewiesen werden kann unter der Voraussetzung, daß die Lösung auf der Ellipsoidoberfläche in eine nach LAMÉschen Ellipsoidflächenfunktionen entwickelbare Funktion übergeht (*16*, S. 262).

3. Darstellung der LAMÉschen Potentialfunktionen.

Für weitere Probleme der Potentialtheorie, welche unter Heranziehung der Funktionen R_n und T_n gelöst werden können, sei auf die Literatur verwiesen (*20*, S. 270).

3. Darstellung der LAMÉschen Potentialfunktionen.

Die verschiedenen Darstellungen der LAMÉschen Potentialfunktionen nehmen ihren Ausgangspunkt von den verschiedenen möglichen unabhängigen Variablen. Wir werden als solche ν und u benutzen, wie sie im Abschnitt IV, 1 a eingeführt worden sind, und zugleich die Relation der entstandenen LAMÉschen Produkte zu den ursprünglichen CARTESIschen Koordinaten angeben, im Anschluß an W. D. NIVEN (*104; 151*, S. *537*).

a) Ausdrücke für die LAMÉschen Potentialfunktionen bis zur Ordnung $n = 3$.

Ausdrücke für die LAMÉschen Potentialfunktionen bis zur Ordnung 10 einschließlich findet man bei G. GUERRITORE (*32;* es sollen indessen bei GUERRITORE Fehler für $n > 3$ vorkommen, vgl. *75*, S. 673). Wir geben die Formeln bis $n = 3$ wieder.

$n = 0$:
$$N_0 = 1; \quad \text{(eine Funktion erster Art)}$$
$$T_0 = u \; (\textit{109}, \text{S. } \textit{138});$$

$n = 1$: insgesamt 3 Funktionen:

$$N_1 = \sqrt{\wp(u) - e_1}; \quad N_1 = \sqrt{\wp(u) - e_2}; \quad N_1 = \sqrt{\wp(u) - e_3};$$

oder

$$N_1 = \sqrt{(\nu^2 - a^2)}; \quad N_1 = \sqrt{(\nu^2 - b^2)}; \quad N_1 = \sqrt{(\nu^2 - c^2)}$$

(drei Funktionen zweiter Art)

es ist $R_1(\varrho) \cdot N_1(\nu) \cdot M_1(\mu) = \dfrac{x}{h_1}$ bzw. $\dfrac{y}{h_2}$ bzw. $\dfrac{z}{h_3}$

mit
$$h_1 = \{(a^2 - b^2)(a^2 - c^2)\}^{-\frac{1}{2}};$$
$$h_2 = \{(b^2 - c^2)(b^2 - a^2)\}^{-\frac{1}{2}};$$
$$h_3 = \{(c^2 - a^2)(c^2 - b^2)\}^{-\frac{1}{2}};$$

$n = 2$: insgesamt fünf Funktionen:

$$N_2 = \wp(u) - \frac{L_1}{6}; \quad N_2 = \wp(u) - \frac{L_2}{6},$$

wobei $L_{1,2}^2 = 3\,g_2$ und g_2 bzw. g_3 die Invarianten (*50*, S. 169; *64*, S. 49) von $\wp(u)$ sind (zwei Funktionen erster Art).

$R_2 M_2 N_2$ wird ein Polynom zweiten Grades in x, y, z;

$$N_2 = \sqrt{(\wp(u) - e_\alpha)(\wp(u) - e_\beta)}; \quad \alpha, \beta = 1, 2, 3$$

oder
$$N_2 = \sqrt{(\nu^2 - a^2)(\nu^2 - b^2)}$$

und entsprechend noch zwei Ausdrücke durch Permutation von a, b und c (drei Funktionen zweiter Art).

$R_2M_2N_2$ wird bis auf einen Faktor bzw. xy, yz oder xz;

$n = 3$: insgesamt sieben Funktionen:

$$N_3 = \wp'(u) = 2\sqrt{(\nu^2 - a^2)(\nu^2 - b^2)(\nu^2 - c^2)}$$

(eine Funktion vierter Art).

$R_3N_3M_3$ wird xyz bis auf einen konstanten Faktor;

$$N_3 = \left\{\wp(u) + \frac{e_\alpha}{2} - \frac{L_{1,2}}{2}\right\}\sqrt{\wp(u) - e_\alpha}; \quad \alpha = 1, 2, 3;$$

$$L_{1,2}^2 - 6L_{1,2}e_1 + 45e_1^2 - 15g_2 = 0$$

(sechs Funktionen zweiter Art).

Eine von der unsrigen völlig abweichende Darstellung (auch numerisch) unter Verwendung anderer Koordinaten, als hier eingeführt, wurde für die LAMÉschen Funktionen von G. H. DARWIN (*23*) gegeben.

b) Rotationssymmetrische Fälle.

Wir beschäftigen uns hier mit den Fällen $b = c$ (gestrecktes Rotationsellipsoid), $a = b$ (abgeplattetes Rotationsellipsoid) und $a = b = c$ (Kugel).

Beim *gestreckten Rotationsellipsoid* ist aus Gleichung (2b) von I, 1a zu ersehen, daß im Potentialfall ($k^2 = 0$) die Differentialgleichung der abgeleiteten LEGENDREschen Polynome für M vorliegt. Der Übergang von den eingeführten elliptischen Koordinaten zu denjenigen des Abschnittes I, 1a kann in einfacher Weise durchgeführt werden (*2*, S. 146; vgl. IV, 6b).

Bei Problemen im Innern eines Ellipsoides kann die Differentialgleichung:

(1) $$\frac{\partial}{\partial \mu}\left\{(1-\mu^2)\frac{\partial u}{\partial \mu}\right\} + \frac{\partial}{\partial \xi}\left\{(\xi^2-1)\frac{\partial u}{\partial \xi}\right\} + \left(\frac{1}{1-\mu^2} + \frac{1}{\xi^2-1}\right)\frac{\partial^2 u}{\partial \varphi^2} = 0$$

durch Produkte:

(2) $$P_n^m(\xi) \cdot P_n^m(\mu) \cdot \begin{cases} \cos m\varphi \\ \sin m\varphi \end{cases}$$

integriert werden, wobei in üblicher Weise P_n^m das m-te abgeleitete LEGENDREsche Polynom n-ter Ordnung bezeichnet (*151*, S. 316; *20*, S. 260):

$$P_n^m(\xi) = \sqrt{1-\xi^2}^m \frac{d^m}{d\xi^m} P_n(\xi).$$

Die Konstante Λ in (2b) und (2c) von I, 1a ist dabei gleich $n(n+1)$ zu setzen.

Bei Problemen im Außenraum eines Ellipsoides hat man als Integral von (1) an der Stelle von (2) ein Produkt:

(3) $$Q_n^m(\xi) \cdot P_n^m(\mu) \cdot \begin{cases} \cos m\varphi \\ \sin m\varphi \end{cases}$$

3. Darstellung der LAMÉschen Potentialfunktionen.

zu setzen, wobei Q das m-te abgeleitete LEGENDREsche Polynom n-ter Ordnung zweiter Art bezeichnet:

$$Q_n^m(\xi) = \sqrt{1-\xi^2}^m \frac{d^m}{d\xi^m} Q_n(\xi).$$

Die Funktionen Q_n^m können aus P_n^m berechnet werden nach (78, S. 164; 143; 20, S. 418):

$$Q_n^m(x) = (-1)^m \cdot \frac{(n+m)!}{(n-m)!} \cdot P_n^m(x) \cdot \int_x^\infty \frac{dx}{(x^2-1)\{P_n^m(x)\}^2}.$$

Es ist:
$$Q_0(x) = \frac{1}{2} \ln \frac{x+1}{x-1};$$
$$Q_1(x) = \frac{1}{2} x \ln \frac{x+1}{x-1} - 1;$$
$$Q_2(x) = \frac{1}{4}(3x^2-1)\ln\frac{x+1}{x-1} - \frac{3}{2}x$$

usw. Mit Hilfe von Reihen aus Produkten (2) und (oder) (3) sind wir in der Lage, Potentialaufgaben bei gestreckten Rotationsellipsoiden in analogem Umfang zu lösen, wie im Abschnitt IV, 2 b für dreiachsige Ellipsoide erwähnt.

Beim *abgeplatteten Rotationsellipsoid* unterscheiden sich die Verhältnisse von denen beim gestreckten nur dadurch, daß Gleichung (2c) von I, 1 b nicht mit Gleichung (2b) von I, 1 b identisch ist, sondern aus letzterer hervorgeht, indem μ durch $i\xi$ ersetzt wird. Folglich kann die Differentialgleichung:

$$\frac{\partial}{\partial \mu}\left\{(1-\mu^2)\frac{\partial u}{\partial \mu}\right\} + \frac{\partial}{\partial \xi}\left\{(\xi^2+1)\frac{\partial u}{\partial \xi}\right\} + \frac{\partial^2 u}{\partial \varphi^2}\left\{\frac{1}{1-\mu^2} - \frac{1}{\xi^2+1}\right\} = 0$$

durch Produkte:
$$P_n^m(i\xi) \cdot P_n^m(\mu) \cdot \begin{cases}\cos m\varphi\\ \sin m\varphi\end{cases}$$

bei Innenraumproblemen und Produkte:
$$Q_n^m(i\xi) \cdot P_n^m(\mu) \cdot \begin{cases}\cos m\varphi\\ \sin m\varphi\end{cases}$$

bei Außenraumproblemen integriert werden. Der Konstanten Λ von (2b) und (2c) Abschnitt I, 1 b ist hierbei wieder der Wert $n(n+1)$ zuzuerkennen. Die einfachsten Funktionen $Q_n^m(i\xi)$ sind:

$$Q_0(i\xi) = \operatorname{arcctg}\xi;$$
$$Q_1(i\xi) = 1 - \xi\operatorname{arcctg}\xi;$$
$$Q_2(i\xi) = \tfrac{1}{2}(3\xi^2+1)\operatorname{arcctg}\xi - \tfrac{3}{2}\xi \quad \text{usw.}$$

Da Reihen und Tafeln für die Funktionen P_n^m und Q_n^m bekannt sind (*64*, S. 79—89; *151*, S. 317 u. S. 281; *16*; *143*; *144a*), steht der numerischen Lösung von Potentialproblemen, die mit Rotationsellipsoiden zusammenhängen, nichts im Wege.

Die Entartung eines Rotationsellipsoides in eine Kugel wurde bereits in I, 1 a und I, 1 b betrachtet (vgl. auch 20, S. 264—267).
Eine von der obigen abweichenden Darstellung LAMÉscher Potentialfunktionen für Rotationsellipsoide findet sich bei D. M. WRINCH (151a).

4. LAMÉsche Wellenfunktionen des dreiachsigen Ellipsoids.

Unter LAMÉschen Wellenfunktionen verstehen wir Lösungen der partiellen Differentialgleichung:

(1) $\quad \begin{cases} (\mu^2 - \nu^2) A \dfrac{\partial}{\partial \varrho} \left(A \dfrac{\partial u}{\partial \varrho} \right) + (\nu^2 - \varrho^2) B \dfrac{\partial}{\partial \mu} \left(B \dfrac{\partial u}{\partial \mu} \right) + (\varrho^2 - \mu^2) C \dfrac{\partial}{\partial \nu} \left(C \dfrac{\partial u}{\partial \nu} \right) \\ = - H (\mu^2 - \varrho^2)(\varrho^2 - \nu^2)(\nu^2 - \mu^2) u \,, \end{cases}$

wobei A, B und C dieselbe Bedeutung haben wie in (2) von I, 1 c; wir fordern, daß diese Lösungen aus einem Produkt einer Funktion von ϱ allein und einer Funktion von μ und ν allein gebildet sind:

(2) $\qquad\qquad\qquad R(\varrho) \cdot S(\mu, \nu) \,.$

Die Funktionen $S(\mu, \nu)$ nennen wir LAMÉsche Wellenfunktionen auf einer Ellipsoidfläche.

a) LAMÉsche Wellenfunktionen auf einer Ellipsoidfläche.

Wir werden die Funktionen S für kleine Werte des Parameters H konstruieren in Form von Reihen nach ganzen positiven Potenzen von H; für genügend kleine H werden diese Reihen konvergieren. Die Existenz der LAMÉschen Wellenfunktionen ist damit für solche H bewiesen, für die jene Reihen konvergieren.

Die partielle Differentialgleichung für $S(\mu\nu)$ erhalten wir, indem zunächst (3 b) und (3 c) von I, 1 c mittels der bereits in IV, 1 a benutzten WEIERSTRASSschen $\wp$-Funktion in die Form

(1) $\qquad \dfrac{d^2 M}{d u^2} + (H \wp^2(u) + K' \wp(u) + L') M = 0\,;$

(2) $\qquad \dfrac{d^2 N}{d w^2} + (H \wp^2(w) + K' \wp(w) + L') N = 0$

gebracht werden. An Stelle von u schreiben wir iv in (1). Sodann multiplizieren wir (1) mit N und (2) mit $-M$ und addieren (1) zu (2). Es entsteht für $S = MN$ die Differentialgleichung

(3) $\quad \dfrac{\partial^2 S}{\partial v^2} + \dfrac{\partial^2 S}{\partial w^2} + S\{H[-\wp^2(iv) + \wp^2(w)] + K'[-\wp(iv) + \wp(w)]\} = 0\,.$

Wenn $H = 0$ ist, wird (3) gelöst von LAMÉschen Potentialfunktionen auf einer Ellipsoidfläche MN, und zwar hat dann K' den Wert $K'_0 = -n(n+1)$. Wir haben es bei Gleichung (3) mit einem Eigenwertproblem zu tun, dessen Randbedingung genau wie bei den LAMÉschen Potentialfunktionen lautet: Regularität auf der ganzen Ellipsoidfläche. Da wir H klein annehmen, können wir das erste Glied in der geschweiften Klammer als kleine Störung auffassen. Nun lehrt die

Störungstheorie der Eigenwertaufgaben (*118*, S. 440), wie die neuen Eigenwerte K' und die neuen Eigenfunktionen S aus den ungestörten K_0' und $S_0 = MN$, die bei $H = 0$ gelten, zu berechnen sind. Hierzu setze man

(4) $\quad\quad\quad\quad K' = K_0' + H K_1' + H^2 K_2' + \cdots;$

(5) $\quad\quad\quad\quad S = S_0 + H S_1 + H^2 S_2 + \cdots.$

Im vorliegenden Fall tritt eine Komplikation ein dadurch, daß zu dem n-ten ungestörten Eigenwert K_0' jeweils $2n + 1$ linear unabhängige ungestörte Eigenfunktionen (vgl. IV, 1 b) gehören: dieser Eigenwert ist $(2n + 1)$-fach entartet. Hierdurch spaltet infolge einer Störung ein ungestörter Eigenwert auf in höchstens $2n + 1$ neue (gestörte) Eigenwerte, deren jeder zu einer der gestörten Eigenfunktionen gehört (*118*, S. 453). Zu *welcher*, lehrt Einsetzen in die Differentialgleichung. Es ist möglich, auf diese Weise K_1', K_2' usw. sowie S_1, S_2 usw. aus (4) und (5) sukzessive zu berechnen. Damit haben wir, wenigstens für kleine H, die Laméschen Wellenfunktionen auf einer Ellipsoidfläche gewonnen. Sie erscheinen nach Laméschen Potentialfunktionen auf einer Ellipsoidfläche entwickelt.

b) Orthogonalität der Laméschen Wellenfunktionen auf einer Ellipsoidfläche.

Wir werden folgendes beweisen. Wenn S_i und S_k zwei Lamésche Wellenfunktionen auf einer Ellipsoidfläche bezeichnen, die für $H = 0$ bzw. in die Laméschen Potentialfunktionen auf einer Ellipsoidfläche $M_i N_i$ und $M_k N_k$ übergehen, so gilt die Beziehung

(1) $\quad\quad\quad\quad \iint l \cdot S_i \cdot S_k \cdot d\sigma = 0$

mit

(2) $\quad\quad\quad\quad l = \dfrac{1}{\sqrt{(\varrho^2 - \mu^2)(\varrho^2 - \nu^2)}},$

wobei das Integral über die ganze Ellipsoidoberfläche zu erstrecken ist. Der Beweis verläuft analog wie derjenige des entsprechenden Satzes für Lamésche Potentialfunktionen (IV, 1 c). Es seien $V_i = R_i S_i$ und $V_k = R_k S_k$ zwei Lösungen von

(3) $\quad\quad\quad\quad \Delta V + k^2 V = 0.$

Für ein von der Fläche F, die wir später als Ellipsoid unserer konfokalen Schar annehmen, begrenztes Raumgebiet G gilt die Integralumformung (Greensche Formel):

(4) $\quad \iiint\limits_G (V_i \Delta V_k - V_k \Delta V_i)\, dg = \iint\limits_F \left(V_i \dfrac{\partial V_k}{\partial n} - V_k \dfrac{\partial V_i}{\partial n} \right) df,$

wobei n die äußere Normalrichtung in jedem Punkt von F angibt. Da sowohl V_i wie V_k der Gleichung (3) genügen, ist die linke Seite von (4) Null. Weiter ist:

$$\frac{\partial V}{\partial n} = \frac{\partial V}{\partial \varrho} \cdot \frac{d\varrho}{dn} = \frac{\partial V}{\partial u} \cdot \frac{du}{d\varrho} \cdot \frac{d\varrho}{dn} = \frac{\partial V}{\partial u} \cdot \frac{du}{dn} = S \cdot \frac{dR}{du} \cdot \frac{du}{dn}.$$

Das Integral rechts in (4) wird also:

$$\iint S_i \cdot S_k (R_i R'_k - R_k R'_i) \frac{du}{dn} \cdot df = 0$$

(Akzente geben Differentiation nach u an). Man findet endlich noch (*109*, S. 132):

$$\frac{du}{dn} = \frac{1}{\sqrt{(\varrho^2 - \mu^2)(\varrho^2 - \nu^2)}} = l,$$

womit (1) bewiesen ist.

Für einige Anwendungen brauchen wir die Formel, in die (1) für ein Rotationsellipsoid übergeht, wenn auf der Oberfläche dieses Ellipsoides die Funktionen S_i, S_k nur vom Winkel mit der Rotationsachse, aber nicht vom Winkel *um* diese Achse abhängen. Unter Benutzung der Bezeichnungen von I, 1 a und I, 1 b hängen somit S_i, S_k nur von μ ab. Man findet, daß dann (1) in

(1 a) $$\int_{-1}^{+1} S_i \cdot S_k \cdot d\mu = 0$$

übergeht.

Die Entwickelbarkeit einer „willkürlichen" Funktion nach LAMÉschen Wellenfunktionen auf einer Ellipsoidfläche kann, wenn man die Existenz dieser Funktionen als bewiesen annimmt, in ähnlicher Weise dargetan werden wie bei LAMÉschen Potentialfunktionen auf einer Ellipsoidfläche (*20*, S. 267—272).

c) LAMÉsche Wellenfunktionen im Raum.

Wenn einmal auf die oben skizzierte Weise die Wellenflächenfunktionen aufgestellt und die zugehörigen Eigenwerte K' berechnet sind, können die LAMÉschen Wellenfunktionen $R(\varrho)$ aus der Differentialgleichung:

(1) $$\frac{d^2 R}{du^2} + \{H \wp^2(u) + K' \wp(u) + L'\} R = 0$$

erhalten werden, und zwar durch Anwendung der Störungsrechnung von Eigenwertproblemen auf die gewöhnliche Differentialgleichung (1). Zunächst sei $b^2 \leq \varrho^2 \leq a^2$. Wir bemerken, daß die Lösung von (1) genau den gleichen Randbedingungen unterworfen ist wie im Potentialfall, nämlich Regularität für $\varrho = a$ und für $\varrho = b$. Wir können wieder das Klammerglied $H \wp^2(u)$ als kleine Störung auffassen und gehen folgendermaßen vor. Für K' setzen wir den Wert $K'_0 + H K'_1$ ein; es ist K'_1 aus der Rechnung des vorigen Abschnittes bekannt. Sodann setzen wir $L' = L_0 + H L'_1$, wobei L_0 zu R_0, der Lösung von (1) mit $H = 0$, gehört, und $R = R_0 + H R_1$. Gehen wir mit diesen Ausdrücken in (1), so erhalten wir aus den Formeln der Störungstheorie R_1 und L'_1. Dieser Prozeß kann wiederholt werden; es erscheinen L' und R in eine Reihe nach ganzen positiven Potenzen von H entwickelt. Jedes Glied dieser

Entwicklung von R enthält eine Reihe aus ungestörten Eigenfunktionen R_0 von (1) mit $H = 0$.

Auf diese Weise haben wir Lösungen der LAMÉSchen Gleichung (1) erhalten, die im Endlichen endlich sind. Wir brauchen für praktische Anwendungen noch eine zweite Lösung von (1) zu vorgegebenen Eigenwerten, um aus den zwei linear unabhängigen Lösungen bei Außenraumproblemen eine Lösung zusammenstellen zu können, die für $\varrho \to \infty$ gewisse Forderungen erfüllt. Auch für Probleme in Räumen, begrenzt zwischen zwei konfokalen Ellipsoiden, ist eine solche zweite linear unabhängige Lösung notwendig. Wir können diese zweite Lösung aus der ersten, oben konstruierten durch bloße Integration (vgl. II, 4 b) erhalten. Wir können auch in der oben erhaltenen Reihe die Funktionen R_0 durch die Funktionen T von Abschnitt IV, 2, b ersetzen. Daß hierdurch wieder eine Lösung von (1) entsteht, lehrt die Überlegung, daß die T-Funktionen ja derselben Differentialgleichung genügen wie R_0. Wenn eine Reihe von R_0-Funktionen die Gleichung (1) bis zu einer gewissen Potenz von H befriedigt, gilt somit gleiches von dieser selben Reihe mit T- an Stelle von R_0-Funktionen. Wir haben auf diese Weise zugeordnete LAMÉSche Wellenfunktionen im Raum, analog den zugeordneten LAMÉSchen Potentialfunktionen im Raum, gewonnen. Hier sei noch bemerkt, daß wir durch die obige Konstruktion von R als Lösung von (1) bei kleinen H-Werten, wobei zunächst $b^2 \leq \varrho^2 \leq a^2$ war, zugleich das früher eingeführte Produkt $S(\mu \nu)$ in eine Funktion M von μ und eine Funktion N von ν aufgespalten haben, wobei M und N den Differentialgleichungen (3 b) und (3 c) von I, 1 c genügen. Die hierin zu setzenden L- und K-Werte folgen unmittelbar aus den gerade berechneten L'- und K-Werten (vgl. IV, 1 a). Ebenso die Reihen für M und N aus der gerade konstruierten Reihe für R, wobei nur ϱ durch μ bzw. ν zu ersetzen ist.

d) Asymptotisches Verhalten der LAMÉSchen Wellenfunktionen im Raum.

Die LAMÉSchen Wellenfunktionen im Raum lassen sich einfach durch ihr asymptotisches Verhalten für $\varrho \to \infty$ charakterisieren, genau wie die LAMÉSchen Potentialfunktionen im Raum (IV, 2 b).

Für große Werte von ϱ: $\varrho \to \infty$ geht die Differentialgleichung (3 a) von I, 1 c für R über in:

(1) $$\varrho^2 \frac{d}{d\varrho}\left(\varrho^2 \frac{dR}{d\varrho}\right) + H \varrho^4 R = 0,$$

welche Gleichung integriert wird von

$$\frac{\sin\sqrt{H}\varrho}{\varrho}, \quad \frac{\cos\sqrt{H}\varrho}{\varrho} \quad \text{und} \quad \frac{e^{\pm i\sqrt{H}\varrho}}{\varrho}.$$

Diesem asymptotischen Verhalten entsprechend unterscheiden wir drei Klassen LAMÉScher Wellenfunktionen im Raum. Die Funktionen der ersten und zweiten Klasse verhalten sich wie einer der ersten zwei obigen Ausdrücke; die Funktionen der dritten Klasse sollen sich für $\varrho \to \infty$ wie

$$\frac{e^{-i\sqrt{H}\varrho}}{\varrho}$$

verhalten. Es bleibt die dankbare Aufgabe, die so definierten Funktionsklassen mit den oben für kleine Werte von H und, damit die Störungsrechnung anwendbar ist, sogar von $H\varrho^4$, erhaltenen LAMÉschen Wellenfunktionen bzw. zugeordneten LAMÉschen Wellenfunktionen in Verbindung zu setzen.

e) Andere Konstruktion der LAMÉschen Wellenfunktionen.

Die oben angedeutete Konstruktion der LAMÉschen Wellenfunktionen für das dreiachsige Ellipsoid ist zwar numerisch durchführbar, kann aber, ihrem Aufbau gemäß, die Existenz der LAMÉschen Wellenfunktionen nur für sehr kleine H, für welche die aufgestellten Potenzreihenentwicklungen konvergieren, festlegen.

Es ist F. MÖGLICH (*98*) gelungen, im Anschluß an Arbeiten von S. BANERJI (*138; 139*) diese Existenz allgemein zu beweisen. Hierbei werden an Stelle der oben benutzten elliptischen Koordinaten oder der aus ihnen mit Hilfe der WEIERSTRASSschen $\wp$-Funktion hergeleiteten Koordinaten (IV, 1 a) neue Koordinaten ϑ, φ benutzt, die bzw. Polabstand und Azimut auf der Ellipsoidfläche festlegen. Es gelingt, in diesen Koordinaten einige lineare homogene Integralgleichungen für die oben mit S_i bezeichneten Wellenfunktionen auf der Ellipsoidoberfläche aufzustellen. Mit Hilfe dieser Integralgleichungen folgt allgemein die Existenz der Funktionen S_i, und zugleich wird ihre Entwicklung nach LAPLACEschen Kugelflächenfunktionen ermöglicht. Bei der Darstellung dieser Reihen findet F. MÖGLICH acht verschiedene Funktionstypen. Es ist zu vermuten, daß diese den in IV, 1 a aufgezählten Typen LAMÉscher Potentialfunktionen entsprechen.

F. MÖGLICH hat auch das RITZsche Verfahren unmittelbar auf die partielle Differentialgleichung der Funktionen S_i, mit ϑ und φ als unabhängige Variable, angewandt. Es gelang dabei, den Satz zu beweisen, daß alle Eigenwerte dieser Gleichung, welche den Eigenwerten K' von (4) IV, 4a entsprechen, einfach sind. Hiermit ist dargetan, daß die Entartung dieser Eigenwerte im Falle der Potentialgleichung (IV, 1 b) bei der Wellengleichung vollständig aufgehoben ist.

Endlich hat F. MÖGLICH in den Fällen von Rotationsellipsoiden die Rechnung numerisch durchgeführt und zur Lösung des Beugungsproblems elektromagnetischer Wellen an einer dünnen, vollkommen leitenden Kreisscheibe benutzt.

Wir werden an Stelle der Rechnungen F. MÖGLICHS hier jene von C. NIVEN (*103*) und R. MACLAURIN (*89*) für rotationssymmetrische Fälle behandeln und erweitern. Hierdurch scheint eine einfachere numerische Anwendung auf praktische Probleme gewährleistet, obwohl MÖGLICHS Formeln an Strenge jenen der zuletzt genannten Autoren überlegen sind.

5. LAMÉsche Wellenfunktionen bei Rotationsellipsoiden.

Die oben für dreiachsige Ellipsoide im Prinzip durchgeführte Konstruktion der LAMÉschen Wellenfunktionen kann sofort auf Rotationsellipsoide angewandt werden. Die Verhältnisse sind hierbei so viel einfacher, daß auch eine *numerische* Durchführung der Rechnung leicht möglich ist.

a) LAMÉsche Wellenfunktionen auf der Oberfäche eines Rotationsellipsoids.

Verhältnismäßig einfach sind die LAMÉschen Wellenfunktionen im rotationssymmetrischen Fall mit Hilfe der Störungstheorie von Eigenwertproblemen zu berechnen. Wir gehen von Gleichung (2b) Abschnitt I, 1 a für das gestreckte Rotationsellipsoid aus:

(1) $\quad \dfrac{d}{d\mu}\left\{(1-\mu^2)\dfrac{dM}{d\mu}\right\} + M\left(\dfrac{-m^2}{1-\mu^2} - k^2 c^2 \mu^2 + \Lambda\right) = 0.$

Diese Gleichung (1) wird für $k = 0$ befriedigt vom m-ten abgeleiteten LEGENDRESCHEN Polynom n-ter Ordnung, wobei $\Lambda = n(n+1)$ ist. Nach einem Satz von H. POINCARÉ (*107*) wissen wir, daß die Lösung von (1) für $k \neq 0$ eine ganze Funktion von kc ist. Folglich können wir M und den zugehörigen Eigenwert Λ für kleine kc nach ganzen positiven Potenzen dieser Größe entwickeln:

$$M = P_n^m(\mu) + (kc)^2 M^{(1)} + (kc)^4 M^{(2)} + \cdots;$$
$$\Lambda = n(n+1) + (kc)^2 \Lambda_1 + (kc)^4 \Lambda_2 + \cdots.$$

Die erwähnte Störungstheorie der Eigenwertprobleme (*118*, S. 442) erlaubt im obigen Fall, da keine Entartung vorliegt [d. h. zu $\Lambda = n(n+1)$ und $kc = 0$ gehört *nur* die *eine* Eigenfunktion $P_n^m(\mu)$], Λ_1 und M_1 zu berechnen:

(2) $\quad \Lambda_1 = -\dfrac{\int_{-1}^{+1} \mu^2 \cdot (P_n^m(\mu))^2 d\mu}{\int_{-1}^{+1} (P_n^m(\mu))^2 d\mu} = -\dfrac{2n+1}{2} \dfrac{(n-m)!}{(n+m)!} \int_{-1}^{+1} \mu^2 (P_n^m(\mu))^2 d\mu;$

(3) $\quad M^{(1)} = \sum_{k=m}^{k=\infty} \gamma_{n,k} P_k^m;$

(4) $\quad \gamma_{n,k} = \dfrac{-\int_{-1}^{+1} \mu^2 \cdot P_n^m \cdot P_k^m(\mu) \cdot d\mu}{n(n+1) - k(k+1)}.$

Hierbei ist in (3) das Glied $k = n$ fortzulassen[1].

---

[1] Daß der Buchstabe k einmal als Parameter der Wellengleichung (1) und weiterhin auch als Indexbezeichnung benutzt wird, dürfte kaum zu Irrtümern führen.

Die Formel (3) vereinfacht sich bedeutend, wenn $m = 0$ ist. Um dies einzusehen, machen wir Gebrauch von der Formel:

$$(5) \qquad \int_{-1}^{+1} P_n \cdot g(x) \, dx = 0,$$

wobei $g(x)$ ein Polynom höchstens $(n-1)$-ten Grades ist. Wir lassen jetzt k in Formel (4) von 0 an wachsen. Das erste von Null verschiedene Glied der Reihe (3) ergibt sich für

$$k + 2 = n.$$

Weitere von Null verschiedenen Glieder sind:

$$k + 2 = n + 1,$$
$$k + 2 = n + 2,$$
$$k + 2 = n + 3,$$
$$k + 2 = n + 4.$$

Das nächste Glied: $k + 2 = n + 5$ oder $n + 2 = k - 1$ ist aber schon wieder Null wegen (5). Folglich reduziert sich hier die unendliche Reihe (3) auf höchstens fünf Glieder. Man sieht leicht ein, daß $M^{(2)}$ höchstens $5 + 2 + 2 = 9$ Glieder enthält, $M^{(3)}$ höchstens 13 Glieder usw. Diese Anzahlen reduzieren sich noch für $n < 3$.

Der Fall eines abgeplatteten Rotationsellipsoides unterscheidet sich nach (2b) von I, 1 a und (2b) von I, 1 b von demjenigen eines gestreckten nur dadurch, daß das Vorzeichen von $k^2 c^2 \mu^2$ in der Differentialgleichung positiv ist. Bei der oben eingeführten Konvention, daß die LAMÉschen Wellenfunktionen vorgegebener Ordnung für $kc = 0$ in die entsprechenden Potentialfunktionen übergehen sollen, ist ein ähnliches Vorkommnis wie bei den MATHIEUschen Funktionen (III, 2 a) nicht ausgeschlossen, d. h. es kann sein, daß einer oder mehrere der Koeffizienten in (3) für gewisse kc-Werte unendlich werden. In diesem Fall wäre eine ähnliche Festlegung der LAMÉschen Wellenfunktionen wie in III, 2 a für die MATHIEUschen Funktionen angegeben, durchzuführen.

Für *kleine* kc-Werte, und um solche wird es sich in unseren Anwendungen zunächst handeln, ist unsere Festlegung brauchbar.

b) Rotationssymmetrische LAMÉsche Wellenfunktionen im Raum.

Wir haben im vorigen Abschnitt mit Hilfe der Störungstheorie eine Lösung von (1) IV, 5 a gefunden, die diese Gleichung für kleine Werte von kc befriedigt. Wie aus Abschnitt I, 1 a folgt, genügt die Funktion $R(\xi)$ beim gestreckten Rotationsellipsoid genau derselben Gleichung (1). Folglich erhalten wir einen Ausdruck für $R(\xi)$, nach ganzen positiven Potenzen von $k^2 c^2$ entwickelt, sobald wir in die Reihe für M im vorigen Abschnitt ξ an die Stelle von μ setzen. Die Ausdrücke für die Koeffizienten der Reihe können aus (4) IV, 5 a entnommen werden. Eine zweite Lösung von (2c) I, 1 a erhalten wir, wenn in (3) IV, 5 a die Funktionen P_k^m durch Q_k^m ersetzt werden, wobei Q_k^m wieder die zugeordneten Kugelfunktionen (IV, 3 b) bezeichnen. Daß diese zweite Lösung die Gleichung (2 c) I, 1 a in gleicher Näherung befriedigt wie die erste, folgt daraus, daß Q_k^m genau derselben Differentialgleichung genügt wie P_k^m. Durch Kombination der zwei linear unabhängigen so konstruierten rotationssymmetrischen LAMÉschen Wellenfunktionen im Raum können Lösungen der LAMÉschen Gleichung (1) I, 1 a zusammengestellt werden, die für $\xi \to \infty$ eine vorgegebene Bedingung befriedigen. Auch Probleme in einem Raum zwischen zwei konfokalen Rotationsellipsoiden können durch solche Kombinationen gelöst werden.

Im Unendlichen genügen die Raumfunktionen $R(\xi)$ der Differentialgleichung

$$(1) \qquad \frac{d}{d\xi}\left(\xi^2 \frac{dR}{d\xi}\right) + R\xi^2 k^2 c^2 = 0,$$

die aus (2c) I, 1 a für $\xi \to \infty$ entsteht. Man findet als Lösungen

$$\frac{\cos k c \xi}{\xi}; \quad \frac{\sin k c \xi}{\xi}; \quad \frac{e^{\pm i k c \xi}}{\xi}.$$

Die Raumfunktionen der ersten und zweiten Klasse verhalten sich wie die ersten zwei Ausdrücke; jene der dritten Klasse wie der Ausdruck $e^{-ikc\xi}/\xi$; die erste Klasse ist dadurch von der zweiten zu unterscheiden, daß die betr. Funktionen für *alle* ξ regulär sind (Ähnliches gilt für den Abschnitt IV, 4 d). Es ist eine interessante Aufgabe, die so durch ihr asymptotisches Verhalten charakterisierten Funktionen mit den oben für kleine Werte von kc konstruierten zwei linear unabhängigen LAMÉschen Wellenfunktionen im Raum in Zusammenhang zu bringen. Genau die gleichen asymptotischen Überlegungen, die hier durchgeführt sind, gelten für das abgeplattete Rotationsellipsoid, wie aus Gleichung (2c) I, 1 b zu ersehen, die für $\xi \to \infty$ in (1) übergeht.

c) Berechnung der rotationssymmetrischen Wellenfunktionen nach C. NIVEN (103).

An Stelle der oben durch Störungsrechnung erhaltenen Potenzreihen hat C. NIVEN die Differentialgleichung (1) von IV, 5 a direkt durch eine Reihe aus Kugelfunktionen integriert. Hierbei wird Gebrauch gemacht von der Formel:

$$(1) \quad \mu^2 P_n^m(\mu) = P_{n+2}^m + \frac{2n^2 + 2n - 2m^2 - 1}{(2n-1)(2n+3)} P_n^m + \frac{(n^2 - m^2)\{(n-1)^2 - m^2\}}{(4n^2 - 1)\{4(n-1)^2 - 1\}} P_{n-2}^m.$$

Die Funktionen P_n^m sind, wie in IV, 5 a und IV, 3 b definiert durch:

$$P_n^m = \sqrt{(1-\mu^2)}^m \frac{d^m}{d\mu^m} P_n(\mu).$$

Erwähnenswert ist, daß bei C. NIVEN die Indizes m und n ihre Rolle, dem hier eingeführten gegenüber, verwechselt haben, d. h. m steht unten und n oben.

Man gehe nun unter Beachtung von (1) bzw. mit den Ausdrücken:

(2) $\quad a_0 P_m^m - a_1 P_{m+2}^m + a_2 P_{m+4}^m + \cdots \pm a_r P_{m+2r}^m + \cdots$

(3) $\quad b_0 P_{m+1}^m - b_1 P_{m+3}^m + \cdots \qquad \cdots \pm b_r P_{m+2s+1}^m + \cdots$

in die Differentialgleichung (1) von IV, 5, a ein. Durch Nullsetzen des Koeffizienten jeder abgeleiteten LEGENDREschen Funktion ergibt sich:

$$p_1 a_1 = \frac{1}{\varepsilon}(k_0 - \Lambda) a_0, \qquad p'_1 b_1 = \frac{1}{\varepsilon}(k'_0 - \Lambda) b_0,$$

$$p_2 a_2 = \frac{1}{\varepsilon}(k_1 - \Lambda) a_1 - a_0, \qquad p'_2 b_2 = \frac{1}{\varepsilon}(k'_1 - \Lambda) b_1 - b_0,$$

$$p_3 a_3 = \frac{1}{\varepsilon}(k_2 - \Lambda) a_2 - a_1,$$

. . . .

$$p_{r+1} a_{r+1} = \frac{1}{\varepsilon}(k_r - \Lambda) a_r - a_{r-1}, \qquad p'_{s+1} b_{s+1} = \frac{1}{\varepsilon}(k'_s - \Lambda) b_s - b_{s-1}$$

mit $\varepsilon = k^2 c^2$;

$$k_r = \frac{2n^2+2n-2m^2-1}{(2n-1)(2n+3)} \varepsilon + n(n+1); \quad p_r = \frac{(n^2-m^2)\{(n-1)^2-m^2\}}{(4n^2-1)\{4(n-1)^2-1\}}; \quad n=m+2r;$$

$$k'_s = \frac{2n^2+2n-2m^2-1}{(2n-1)(2n+3)} \varepsilon + n(n+1); \quad p'_s = \frac{(n^2-m^2)\{(n-1)^2-m^2\}}{(4n^2-1)\{4(n-1)^2-1\}}; \quad n=m+2s+1.$$

Die erhaltenen Reihen (2) und (3) werden konvergieren, falls Λ gewisse Werte annimmt, die Eigenwerte des Problems.

Da in der obigen Ableitung nur von der Rekursionsformel (1) Gebrauch gemacht wurde, welche Formel für die zugeordneten LEGENDREschen Funktionen (LEGENDREsche Funktionen zweiter Art vgl. IV, 3 b) in gleicher Weise gilt, wie für die oben angeschriebenen LEGENDREschen Funktionen, können diese zugeordneten Funktionen Q_n^m auch in den Reihen (2) und (3) an Stelle der LEGENDREschen Polynome P_n^m eingesetzt werden. Die so erhaltenen Lösungen sind für $\mu = \pm 1$ singulär.

d) Berechnung der Eigenwerte Λ nach C. NIVEN und R. MACLAURIN.

Zur Berechnung der Eigenwerte setzen wir (*103*, S. 135):

(1) $\qquad \Lambda = n(n+1) + \Lambda_1 \varepsilon + \Lambda_2 \varepsilon^2 + \Lambda_3 \varepsilon^3 + \cdots$

und schreiben Φ_r statt $k_r - \Lambda$. Man erhält dann aus den Formeln des vorigen Abschnittes:

$$\varepsilon p_1 \frac{a_1}{a_0} = \Phi_0;$$

$$\varepsilon^2 p_1 p_2 \frac{a_2}{a_0} = \Phi_0 \Phi_1 \left(1 - \varepsilon^2 \frac{p_1}{\Phi_0 \Phi_1}\right);$$

$$\varepsilon^3 p_1 p_2 p_3 \frac{a_3}{a_0} = \Phi_0 \Phi_1 \Phi_2 \left\{1 - \varepsilon^2 \left(\frac{p_1}{\Phi_0 \Phi_1} + \frac{p_2}{\Phi_1 \Phi_2}\right)\right\};$$

$$\varepsilon^4 p_1 p_2 p_3 p_4 \frac{a_4}{a_0} = \Phi_0 \Phi_1 \Phi_2 \Phi_3 \left\{1 - \varepsilon^2 \left(\frac{p_1}{\Phi_0 \Phi_1} + \frac{p_2}{\Phi_1 \Phi_2} + \frac{p_3}{\Phi_2 \Phi_3}\right) + \varepsilon^4 \frac{p_1 p_2}{\Phi_0 \Phi_1 \Phi_2 \Phi_3}\right\}$$

usw.

Zur Konvergenz der Reihe (2) von IV, 5 c ist es notwendig, daß $\lim_{r \to \infty} a_r/a_0 = 0$ ist. Wir können diese Bedingung dazu benützen, die Eigenwerte Λ approximativ zu berechnen. Als erste Näherung setze man a_1/a_0 Null, als zweite Näherung a_2/a_0 usw. Es ergeben sich nach C. NIVEN die Ausdrücke (*103*, S. 138—139):

$$\Lambda_1 = \frac{2n^2 + 2n - 2m^2 - 1}{(2n-1)(2n+3)};$$

$$2\Lambda_2 = \frac{(n-m+2)(n-m+1)(n+m+2)(n+m+1)}{(2n+1)(2n+3)^3(2n+5)}$$
$$- \frac{(n-m)(n-m-1)(n+m)(n+m-1)}{(2n-3)(2n-1)^3(2n+1)};$$

$$(4m^2-1)^{-1}\Lambda_3 = \frac{(n-m+2)(n-m+1)(n+m+2)(n+m+1)}{(2n-1)(2n+1)(2n+3)^5(2n+5)(2n+7)}$$
$$- \frac{(n-m)(n-m-1)(n+m)(n+m-1)}{(2n-5)(2n-3)(2n-1)^5(2n+1)(2n+3)} \quad \text{usw.}$$

R. MACLAURIN (*89*, S. 82) findet diese Eigenwerte nach einem anderen Verfahren, das auch sehr geeignet erscheint, eine approximative Lösung der Differentialgleichung aufzustellen. Mit $y = M(1-\mu^2)^{\frac{m}{2}}$ schreibt sich (1) von IV, 5 a: (Diese Gleichung ist bei MACLAURIN falsch).

$$(1-\mu^2)y'' - 2(m+1)\mu y' + (\Lambda - m^2 - k^2 c^2 \mu^2) y = 0$$

(Akzente bedeuten Differentiation nach μ).
[Bemerkt sei, daß die MATHIEUsche Differentialgleichung

$$\frac{d^2 y}{dx^2} + (4\alpha - 16\beta \cos 2x) y = 0$$

durch die Transformation

$$\cos x = \mu; \quad y = y_1 \sin x$$

übergeht in

$$(1-\mu^2) y_1'' - 3\mu y_1' + (4\alpha + 16\beta - 1 - 32\beta \mu^2) y_1 = 0,$$

welche Gleichung mit der obenstehenden MACLAURINschen Form der LAMÉschen Gleichung übereinstimmt, wenn man setzt:

$$m = \tfrac{1}{2}; \quad k^2 c^2 = 32\beta; \quad 4\alpha + 16\beta - 1 = \Lambda - \tfrac{1}{4}.]$$

Als Lösung setze man:

$$y = a_0 + a_1 \mu^2 + \cdots a_r \mu^{2r}.$$

Es entstehen für die Koeffizienten a_r Ausdrücke, die den oben nach C. NIVEN angegebenen ähneln. Nullsetzen von a_r ergibt die r-te Approximation für Λ. Man erhält die gleichen Eigenwerte, wie oben nach C. NIVEN angeschrieben.

Eine Anwendung von MACLAURINS Lösung findet man im Abschnitt VI, 1 a.

e) Berechnung der Koeffizienten a_r und b_r nach C. NIVEN.

Nachdem die Eigenwerte Λ bis auf Glieder der Größenordnung ε^4 gefunden sind, können aus den Formeln des vorigen Abschnittes durch Einsetzen der Λ- und somit Φ-Werte die Koeffizienten a_r ermittelt werden.

C. NIVEN findet (103, S. 138—139)

$m = 0; \; r = 0; \; n = 0; \; a_0 = 1;$

$$\Lambda = \frac{\varepsilon}{3} - \frac{2}{135}\varepsilon^2 + \frac{4\varepsilon^3}{3^5 \cdot 5 \cdot 7} + \frac{182\varepsilon^4}{3^7 \cdot 5^3 \cdot 7^3} + \cdots,$$

$$a_1 = \frac{\varepsilon}{6} - \frac{\varepsilon^2}{189} + \frac{91\varepsilon^3}{2 \cdot 3^4 \cdot 5^2 \cdot 7^2} + \cdots,$$

$$a_2 = \frac{\varepsilon^2}{120} - \frac{\varepsilon^3}{2 \cdot 3^3 \cdot 5 \cdot 11} + \cdots,$$

$$a_3 = \frac{\varepsilon^3}{4 \cdot 3^2 \cdot 5 \cdot 7} + \cdots.$$

$m = 0; \; r = 1; \; n = 2; \; a_1 = 1;$

$$\Lambda = 6 + \frac{11}{21}\varepsilon + \frac{94}{3^3 \cdot 7^3}\varepsilon^2 - \frac{21388}{3^2 \cdot 7^5 \cdot 11}\varepsilon^3 + \cdots.$$

$$a_2 = \frac{\varepsilon}{14} + \frac{\varepsilon^2}{3 \cdot 7^3 \cdot 11} + \cdots,$$

$$a_3 = \frac{\varepsilon^2}{504} + \frac{\varepsilon^3}{2 \cdot 3 \cdot 7^3 \cdot 9 \cdot 15} + \cdots,$$

$$a_0 = -\frac{2\varepsilon}{135} + \frac{4\varepsilon^2}{3^5 \cdot 5 \cdot 7} + \cdots.$$

$m = 0; \; r = 2; \; n = 4; \; a_2 = 1;$

$$\Lambda = 20 + \frac{39}{77}\varepsilon + \frac{77674}{5 \cdot 7^3 \cdot 11^3 \cdot 13}\varepsilon^2 - \frac{2805228}{7^5 \cdot 11^5 \cdot 13 \cdot 15}\varepsilon^3 + \cdots,$$

$$a_3 = \frac{\varepsilon}{22} + \frac{\varepsilon^2}{7 \cdot 11^3 \cdot 13} + \cdots,$$

$$a_4 = \frac{\varepsilon^2}{1144} + \frac{\varepsilon^3}{2 \cdot 7 \cdot 11^3 \cdot 13 \cdot 19} + \cdots.$$

$$a_1 = -\frac{8\varepsilon}{1715} - \frac{16\varepsilon^2}{3 \cdot 5 \cdot 7^5 \cdot 11} + \cdots,$$

$$a_0 = \frac{8\varepsilon^2}{3^2 \cdot 5^3 \cdot 7^3} - \frac{32\varepsilon^3}{3^2 \cdot 5^3 \cdot 7^5 \cdot 11} + \cdots.$$

$m = 1; \; r = 0; \; n = 1; \; a_0 = 1;$

$$\Lambda = 2 + \frac{\varepsilon}{5} - \frac{4\varepsilon^2}{5^3 \cdot 7} + \frac{24\varepsilon^3}{5^5 \cdot 7 \cdot 9} + \cdots.$$

$$a_1 = \frac{\varepsilon}{10} - \frac{\varepsilon^2}{375} + \frac{31\varepsilon^3}{5^3 \cdot 7^2 \cdot 10 \cdot 11} + \cdots,$$

$$a_2 = \frac{\varepsilon^2}{70} - \frac{3\varepsilon^3}{2 \cdot 5^3 \cdot 7 \cdot 13} + \cdots.$$

$m = 1$; $r = 1$; $n = 3$; $a_1 = 1$;

$$A = 12 + \frac{7}{15}\varepsilon + \frac{1064}{3^4 \cdot 5^3 \cdot 7 \cdot 11}\varepsilon^2 - \frac{808976}{3^7 \cdot 5^5 \cdot 7 \cdot 11 \cdot 13}\varepsilon^3 + \cdots,$$

$$a_2 = \frac{\varepsilon}{18} - \frac{\varepsilon^2}{5 \cdot 3^5 \cdot 13} + \cdots,$$

$$a_3 = \frac{\varepsilon^2}{792} - \frac{3\,\varepsilon^3}{9^3 \cdot 10 \cdot 11 \cdot 15} + \cdots,$$

$$a_0 = -\frac{4\,\varepsilon}{7 \cdot 5^3} + \frac{8\,\varepsilon^2}{3 \cdot 5^6 \cdot 7} + \cdots \text{ usw.}$$

f) Darstellung der rotationssymmetrischen LAMÉschen Wellenfunktionen durch Reihen BESSELscher bzw. HANKELscher Funktionen.

Analog den Formeln der Abschnitte III, 5 b und III, 5 c können auch für die rotationssymmetrischen LAMÉschen Wellenfunktionen Reihendarstellungen abgeleitet werden, welche nach BESSELschen bzw. HANKELschen Funktionen fortschreiten. Diese Reihen sind insbesondere dazu geeignet, die Raumfunktionen, die ihrem asymptotischen Verhalten nach im Abschnitt IV, 5 b in drei Arten eingeteilt wurden, für *alle* Werte von ξ darzustellen.

Wir behandeln das gestreckte Rotationsellipsoid mit $m = 0$ und entwickeln

$$e^{ikx} = e^{ikc\xi\mu}$$

in eine Reihe, welche bei festem ξ nach LAMÉschen Wellenfunktionen fortschreitet:

(1) $$e^{ikc\xi\mu} = \sum A_n \cdot R_n(\xi) \cdot M_n(\mu).$$

Es ist nach Abschnitt IV, 5 b und IV, 5 c:

$$M_n(\mu) = \sum_{m=0}^{\infty} a_m P_m(\mu).$$

Da Verwirrung nicht zu befürchten ist, erteilen wir den Koeffizienten a_m nur *einen* Index, den Formeln von IV, 5 c entsprechend.

Weiterhin benutzen wir die Entwicklungsformel (*6; 147*, S. 368):

(2) $$e^{ikc\xi\mu} = \sqrt{\frac{2\pi}{kc\xi}} \sum_{l=0}^{\infty} (2l+1) \cdot i^l \cdot I_{l+\frac{1}{2}}(kc\xi) \cdot P_l(\mu).$$

Wenn die Formel (1) links und rechts mit $M_n(\mu)$ multipliziert wird und sodann über μ von -1 bis $+1$ integriert, unter Beachtung von (2), entsteht:

(3) $$\sqrt{\frac{2\pi}{kc\xi}} \sum_{m=0}^{\infty} a_m(2m+1) \cdot i^m \cdot I_{m+\frac{1}{2}} = A_n q_n R_n(\xi).$$

Die Größen A_n und q_n sind konstante Faktoren, die weiterhin fortgelassen werden können, da R_n doch nur bis auf einen willkürlichen Faktor definiert ist. Wir haben somit in (3) eine Reihendarstellung von

$R_n(\xi)$ gewonnen. Durch Betrachtung der asymptotischen Ausdrücke für $I_{m+\frac{1}{2}}$ bei großem Argument ist leicht einzusehen, zu welcher Art die durch (3) dargestellte rotationssymmetrische LAMÉsche Wellenfunktion im Raum gehört. Es ist

$$\lim_{\xi \to \infty} I_{m+\frac{1}{2}}(kc\xi) \sim \frac{\sin kc\xi}{\sqrt{kc\xi}} \quad \text{oder} \quad \sim \frac{\cos kc\xi}{\sqrt{kc\xi}},$$

wobei belanglose konstante Faktoren fortgelassen sind.

Wir haben somit in (3) eine Funktion vor uns, die eine lineare Kombination ist der in IV, 5 b definierten Funktionen der ersten und zweiten Klasse.

Eine Funktion der in IV, 5 b definierten dritten Klasse gewinnen wir durch folgende Überlegung. Es muß die durch die Reihe (3) dargestellte Funktion R_n der Differentialgleichung (2c) von I, 1 a genügen. Hierzu müssen die Funktionen $I_{m+\frac{1}{2}}$ gewisse Rekursions- und Differentialgleichungen erfüllen. Nun erfüllen aber die Funktionen $H^{(2)}_{m+\frac{1}{2}}$ dieselben Rekursions- und Differentialgleichungen wie die Funktionen $I_{m+\frac{1}{2}}$. Folglich können die zuletzt genannten Funktionen $H^{(2)}_{m+\frac{1}{2}}$ in (3) an Stelle der $I_{m+\frac{1}{2}}$ gesetzt werden, und die entstandene Reihe wird insgesamt in gleicher Weise die Differentialgleichung (2c) von I, 1 a erfüllen wie (3). Wir haben somit

(4) $$R_n^{(3)} = \sqrt{\frac{2\pi}{kc\xi}} \sum a_m \cdot (2m+1) \cdot i^m \cdot H^{(2)}_{m+\frac{1}{2}}(kc\xi).$$

Es ist leicht einzusehen, daß (4) eine Funktion der dritten Klasse nach der Definition von IV, 5 b darstellt. Hierzu braucht man nur das asymptotische Verhalten der HANKELschen Funktion zweiter Art $H^{(2)}_{m+\frac{1}{2}}$ bei großem Argument zu betrachten.

Einer Anwendung im Abschnitt VI, 2 a wegen erwähnen wir noch die Reihenentwicklung von $R_n(\xi)$ für m aus (2c), Abschnitt I, 1 a gleich 1. Hierzu differenzieren wir (2) nach μ und multiplizieren mit $\sqrt{1-\mu^2}$:

(5) $$\sqrt{1-\mu^2} \cdot ikc\xi \cdot e^{ikc\xi\mu} = \sum_{l=0}^{\infty} \sqrt{\frac{2\pi}{kc\xi}} \cdot (2l+1) \cdot i^l \cdot I_{l+\frac{1}{2}} \cdot P_l^1(\mu)$$

und machen Gebrauch von der Beziehung (20, S. 260):

$$\int_{-1}^{+1} P_l^1 \cdot P_k^1 \cdot d\mu = 0 \quad \text{für} \quad l \neq k.$$

Wegen
$$M_n(m=1) = \sum_{r=0}^{\infty} a_r(m=1) \cdot P_r^1(\mu)$$

entsteht durch Entwicklung der linken Seite von (5) nach Produkten $R_n M_n$ die Formel:

(6) $$R_n^{(3)}\binom{\xi}{m=1} = \sqrt{\frac{2\pi}{kc\xi}} \sum_{l=0}^{\infty} a_l(m=1) \cdot (2l+1) \cdot i^l \cdot H^{(2)}_{l+\frac{1}{2}}(kc\xi).$$

g) Bemerkungen zu vorstehenden Reihendarstellungen.

Was die Konvergenz der Reihen (3), (4) und (6) betrifft, sei folgendes bemerkt. Zu ihrer Ableitung wurde die gleichmäßige Konvergenz der Reihen (1) und (2) vorausgesetzt. Wenn man diese als bewiesen ansieht, folgt die gleichmäßige Konvergenz von (3), (4) und (6). Betrachtet man dagegen die gleichmäßige Konvergenz von (1) und (2) nicht als bewiesen, so ist eine unmittelbare Konvergenzbetrachtung von (3) und (4) sowie die Verifikation dieser Reihen an der Differentialgleichung (2c) von I, 1 a unerläßlich. Diese Rechnungen sind analog denen, die E. Särchinger (*117*) und J. Schubert (*119*) im Anschluß an Heines Reihendarstellung der zugeordneten Mathieuschen Funktionen (III, 5 b) angestellt haben.

Beim gestreckten Rotationsellipsoid ist $\xi \geqq 1$, so daß die Entwicklungen (3) und (4) hier auch auf der Oberfläche des Ellipsoides konvergieren.

Die Reihenentwicklungen (3), (4) und (6) gelten auch für die Lösungen $R_n(\xi)$ der Gleichung (2c) von I, 1 b beim abgeplatteten Rotationsellipsoid. Nur müssen die Koeffizienten a_m durch Koeffizienten a'_m ersetzt werden. Diese Koeffizienten a'_m erhält man in einfacher Weise durch die bereits zu Ende des Abschnittes IV, 5 a angedeutete Überlegung. Es geht nämlich (2b) von I, 1 b in (2b) von I, 1 a über, wenn das Vorzeichen von $k^2 c^2 = \varepsilon$ umgekehrt wird. Folglich braucht nur diese Vorzeichenumkehr in allen Formeln der Abschnitte IV, 5 c IV, 5 d und IV, 5 e durchgeführt zu werden, um a'_m aus a_m zu erhalten.

Beim Kreisplättchen, als Entartungsfall des abgeplatteten Rotationsellipsoides, ist $\xi = 0$. Die Reihe (3) von IV, 5 f ist hier zwar noch brauchbar, aber (4) divergiert wie ξ^{-1}.

h) Andere Darstellung der Laméschen Wellenfunktionen durch Reihen Besselscher Funktionen.

Wie zu Ende des Abschnittes IV, 5, g bemerkt, verhält sich die Reihe (4) von IV, 5, f beim *abgeplatteten* Rotationsellipsoid im Grenzfall $\xi = 0$ (Kreisscheibe) wie $1/\xi$. Man kann nun zunächst fragen, ob dieses Verhalten der Laméschen Wellenfunktion dritter Art $R_n^{(3)}(\xi)$ beim abgeplatteten Rotationsellipsoid inhärent anhaftet oder ob es nur eine Folge ist von der besonderen, hier aufgestellten Reihenentwicklung (4) von IV, 5, f. Zur Beantwortung dieser Frage überlege man, daß $R_n^{(3)}$ eine lineare Kombination ist von $R_n^{(1)}$ und $R_n^{(2)}$. Diese Funktionen erster und zweiter Art werden erhalten, wenn man für das abgeplattete Rotationsellipsoid in den Reihen von IV, 5, c an Stelle der Funktionen $P_n^m(\xi)$ die Funktionen $P_n^m(i\xi)$ bzw. $Q_n^m(i\xi)$ setzt, wobei Q_n^m wieder, wie im Abschnitt IV, 3, b zugeordnete Legendresche Kugelfunktionen sind. Nun wird aber weder $P_n^m(i\xi)$ noch $Q_n^m(i\xi)$ für $\xi \to 0$ unendlich groß, wie etwa aus IV, 3, b zu ersehen. Folglich liegt kein Anzeichen vor, daß die

Reihen für LAMÉsche Wellenfunktionen erster und zweiter Art des abgeplatteten Rotationsellipsoides umgestellt, für $\xi \to 0$ sich wie $1/\xi$ verhalten müssen. Gleiches kann somit von einer linearen Kombination der Funktionen erster und zweiter Art, d. h. von den Funktionen dritter Art behauptet werden.

Für einige Anwendungen im Abschnitt V werden wir hier eine Reihendarstellung für $R_n^{(3)}$ beim abgeplatteten Rotationsellipsoid ableiten, die für $\xi \to 0$ regulär bleibt.

Wir gehen aus von der Formel [*147*, S. 365, (4)]:

(1)
$$\begin{cases} L \equiv \dfrac{H_{\frac{1}{2}}^{(2)}(\omega)}{\omega^{\frac{1}{2}}} \cdot P_1(\cos\Theta) \\ = \sqrt{2\pi} \sum_{m=0}^{\infty} \left(\dfrac{3}{2} + m\right) \dfrac{H_{m+\frac{3}{2}}^{(2)}(Z)}{\sqrt{Z}} \cdot \dfrac{I_{m+\frac{3}{2}}(z)}{\sqrt{z}} \cdot P_1(\cos\Theta) \cdot C_m^{\frac{3}{2}}(\cos\Phi), \end{cases}$$

mit
$$\omega^2 = Z^2 + z^2 - 2zZ\cos\Phi.$$

Setzt man nach I, 1 b:
$$\omega^2 = k^2 r^2 = k^2(x^2 + y^2 + z^2) = k^2 c^2 \{\mathfrak{Cof}^2\eta - \cos^2\Theta\}$$

oder
$$\omega^2 = k^2 c^2 \{\tfrac{1}{4} e^{2\eta} + \tfrac{1}{4} e^{-2\eta} - \tfrac{1}{2}\cos 2\Theta\},$$

so wird:
$$Z = \dfrac{kc}{2} e^\eta; \quad z = \dfrac{kc}{2} e^{-\eta}; \quad \Phi = 2\Theta.$$

Es sei

(2) $\quad L = \sum A_n R_n^{(3)}(\xi) \cdot M_n(\mu), \quad \text{mit} \quad \mu = \cos\Theta.$

Offenbar kommen in der Entwicklung (2), da L nach (1) eine ungerade Funktion von μ ist, nur Funktionen M vor, die ebenfalls ungerade Funktionen von μ sind. Mit:

(3) $\quad M_n(\mu) = \sum a_l' P_l(\mu),$

wobei a_l' aus a_l (Abschnitt IV, 5 e und IV, 5 d) hervorgeht, indem dort überall ε durch $-\varepsilon$ ersetzt wird, erhält man für $R_n^{(3)}$ aus (2) unter Berücksichtigung von (1) die Formeln:

(4) $\quad R_n^{(3)} = \displaystyle\int_{-1}^{+1} \dfrac{H_{\frac{1}{2}}^{(2)}(\omega)}{\omega^{\frac{1}{2}}} \cdot P_1(\mu) \cdot M_n(\mu)\, d\mu =$

(5) $\quad R_n^{(3)} = \displaystyle\sum_{m=0}^{\infty} A_m' \left(\dfrac{3}{2} + m\right) \cdot H_{\frac{3}{2}+m}^{(2)}\left(\dfrac{kc}{2} e^\eta\right) \cdot I_{\frac{3}{2}+m}\left(\dfrac{kc}{2} e^{-\eta}\right),$

mit

(6) $\quad A_m' = \displaystyle\int_{-1}^{+1} C_m^{\frac{3}{2}}(\cos 2\Theta) \cdot \sum_{l=0}^{\infty} a_l' \cdot P_l(\mu) \cdot d\mu,$

wobei
$$\mu = \cos\Theta.$$

Die Funktionen $C_m^{3/2}$ sind definiert durch:

$$\frac{1}{\sqrt{1-2\alpha t + \alpha^2}^3} = \sum_{m=0}^{\infty} C_m^{3/2}(t) \cdot \alpha^m.$$

Man findet leicht:

$$C_m^{3/2}(\cos 2\Theta) = -\frac{1}{2} \cdot \cos 2\Theta \cdot \frac{d}{d(\cos 2\Theta)} \cdot P_{m+1}(\cos 2\Theta).$$

Folglich ist $C_m^{3/2}(\cos 2\Theta)$ ein Polynom vom Grade $2m+2$ in μ. Jeder der Koeffizienten A_m' aus (6) enthält somit nur eine endliche Anzahl der Koeffizienten a_l', und zwar nur jene mit:

$$l = 0, 1, 2, \ldots 2m+2.$$

Daß $R_n^{(3)}$ aus (4) und (5) der Differentialgleichung (2c) von I, 1 b genügt, folgt daraus, daß gilt:

$$\left(\frac{\partial^2}{\partial x^2} + \frac{\partial^2}{\partial y^2} + \frac{\partial^2}{\partial z^2} + k^2\right) L = 0.$$

Außerdem hat $R_n^{(3)}$ im Unendlichen ($\xi = \mathfrak{Sin}\,\eta \to \infty$) das richtige Verhalten, wie

$$\frac{e^{-ikr}}{r}.$$

Dies folgt aus den Eigenschaften der BESSELschen und HANKELschen Funktionen.

Eine analoge Entwicklung kann aufgestellt werden für den Fall, daß M_n eine gerade Funktion von μ ist.

6. Allgemeine Bemerkungen über LAMÉsche Funktionen.

Es wird dem Leser nicht entgangen sein, daß obige Darstellung unserer Kenntnisse über die LAMÉschen Potential- und die LAMÉschen Wellenfunktionen keineswegs einen ähnlich abgeschlossenen Charakter trägt wie etwa jene über die MATHIEUsche Differentialgleichung. Außer gewissen Fragen der Entartung LAMÉscher Funktionen in MATHIEUsche Funktionen, BESSELsche Funktionen und Kugelfunktionen sollen im vorliegenden Abschnitt einige Bausteine erwähnt werden, die dazu dienen könnten, die Theorie der LAMÉschen Differentialgleichungen weiter abzurunden.

a) **MATHIEUsche Funktionen als Entartung LAMÉscher Funktionen.** Im Abschnitt IV, 1, a wurde die LAMÉsche Potentialgleichung und im Abschnitt IV, 4, a die LAMÉsche Wellengleichung mit Hilfe der WEIERSTRASSschen $\wp$-Funktion auf die Form einer Differentialgleichung mit doppeltperiodischen Koeffizienten gebracht. Diese WEIERSTRASSsche Form lautet für die LAMÉsche Wellengleichung:

(1) $$\frac{d^2 M}{du^2} + [A\wp^2(u) + B\wp(u) + C] \cdot M = 0,$$

wobei die Konstanten A, B und C in einfacher, aber hier nicht weiter interessierender Weise mit den Konstanten aus I, 1 c verknüpft sind. Die Perioden (*50*, S. 165; *64*, S. 49) der WEIERSTRASSschen $\wp$-Funktion seien $2\omega_1$ und $2\omega_2$:

$$e_1 = \wp(\omega_1); \quad e_2 = \wp(\omega_1 + \omega_2); \quad e_3 = \wp(\omega_2) \quad \text{(vgl. IV, 1 a).}$$

Es kann (1) in einfacher Weise mit Hilfe JACOBIscher elliptischer Funktionen als Gleichung mit doppeltperiodischen Koeffizienten geschrieben werden (*151*, S. 555; *49*, S. 7; *98*, S. 622):

$$(2) \quad \frac{d^2 M}{d\alpha^2} = -(a\, dn^4(\alpha) + b\, sn^2(\alpha) + c) \cdot M.$$

Diese Form (2) ist geeignet, den Grenzübergang zur MATHIEUschen Differentialgleichung anzudeuten. Hierzu bedenke man, daß letztere Gleichung, die zum elliptischen Zylinder gehört, aus der LAMÉschen Gleichung für ein dreiachsiges Ellipsoid hervorgeht, wenn einer der Achsen unendlich groß gemacht wird. In der WEIERSTRASSschen Form (1) drückt sich das so aus, daß eine der *Perioden* unendlich groß wird: $\omega_2 = i\infty$, während die zweite, reelle Periode endlich bleibt. Unter dieser Bedingung entstehen die Vereinfachungen (*64*, S. 51):

$$dn(\alpha) = 1 \quad \text{und} \quad sn(\alpha) = \sin\alpha.$$

Folglich geht (2) in die Form:

$$(3) \quad \frac{d^2 M}{d\alpha^2} = -(b' \sin^2\alpha + c') \cdot M$$

über, die im wesentlichen mit einer MATHIEUschen Differentialgleichung identisch ist.

Einen anderen Grenzübergang zur MATHIEUschen Differentialgleichung findet man bei E. HEINE (*42*, I, S. 403).

b) Kugelfunktionen und BESSELsche Funktionen als Entartungen.

Die Entartung LAMÉscher Potentialfunktionen in Kugelfunktionen wurde bereits mehrfach erwähnt, zuerst im Abschnitt I, 1 a beim gestreckten Rotationsellipsoid. Hier soll diese Entartung näher verfolgt werden (*49*, S. 5—6; *2*, S. 145—148; *109*, S. 124—126).

Wir nehmen beim dreiachsigen Ellipsoid von I, 1 c $b = c$, um zum gestreckten Rotationsellipsoid übergehen zu können. Zunächst sei

$$b^2 = c^2 + \varepsilon; \quad v^2 = c^2 + \varepsilon v_1^2,$$

wobei v_1 zwischen 0 und 1 läuft und ε ein kleiner Parameter ist, den wir beim Grenzübergang verschwinden lassen. Hierdurch wird:

$$\lim_{\varepsilon \to 0} x = \sqrt{\varrho^2 - a^2} \sqrt{\frac{(\mu^2 - a^2)(v^2 - a^2)}{(a^2 - b^2)(a^2 - c^2)}} = \sqrt{\varrho^2 - a^2} \sqrt{\frac{\mu^2 - a^2}{b^2 - a^2}};$$

$$\lim_{\varepsilon \to 0} y = \sqrt{\varrho^2 - b^2} \sqrt{\frac{(\mu^2 - b^2)(v^2 - b^2)}{(b^2 - a^2)(b^2 - c^2)}} = \sqrt{\varrho^2 - b^2} \sqrt{\frac{b^2 - \mu^2}{b^2 - a^2}} \sqrt{v_1^2 - 1};$$

$$\lim_{\varepsilon \to 0} z = \sqrt{\varrho^2 - c^2} \sqrt{\frac{(\mu^2 - c^2)(v^2 - c^2)}{(c^2 - a^2)(c^2 - b^2)}} = \sqrt{\varrho^2 - c^2} \sqrt{\frac{b^2 - \mu^2}{b^2 - a^2}} v_1.$$

Jetzt setze man:
$$\varrho = c\,\xi; \quad \mu = c\cos\Theta; \quad \nu_1 = \cos\varphi; \quad a = 0,$$
wodurch die Formeln:
$$x = c\,\xi \cos\Theta;$$
$$y = c\sqrt{\xi^2 - 1} \cdot \sin\Theta \cdot \sin\varphi;$$
$$z = c\sqrt{\xi^2 - 1} \cdot \sin\Theta \cdot \cos\varphi$$
entstehen, die mit jenen des Abschnittes I, 1 a übereinstimmen. Folglich gehen die LAMÉschen Differentialgleichungen in die Gleichungen (2a), (2b) und (2c) von I, 1 a über. Im Potentialfall $H = 0$ wird (2b) sowohl wie (2c) von I, 1 a durch abgeleitete LEGENDREsche Kugelfunktionen gelöst, wie bereits im Abschnitt IV, 3 b angegeben.

Weiterhin ist bereits im Abschnitt I, 1 a gezeigt worden, daß für eine Kugel auch im Falle der LAMÉschen Wellengleichungen die Differentialgleichungen der Kugelfunktionen bzw. Zylinderfunktionen herauskommen.

c) Weitere Fragen über die LAMÉsche Differentialgleichung.

Da die allgemeine LAMÉsche Differentialgleichung, wie in IV, 4 a gezeigt, vom HILLschen Typus ist, liegt es auf der Hand, die allgemeinen Sätze über die HILLsche Differentialgleichung von II, 2 auf die LAMÉsche Gleichung anzuwenden. Zu beachten ist, daß diese Sätze, mit Ausnahme von FLOQUETS Theorem (II, 2), sich alle auf Differentialgleichungen mit reellen Parametern, Koeffizienten und Perioden beziehen. Zu ihrer Anwendung ist es also notwendig, eine der Perioden ω_1 bzw. ω_2 von (1), IV, 6 a reell zu wählen. Unter dieser Bedingung lehren HAUPTS Sätze, daß es bei vorgegebenem A und B von (1) in IV, 6 a abzählbar unendlich viele C-Werte gibt, derart, daß M eine ganz- bzw. halbperiodische Funktion von u ist. Weiterhin ergeben diese Sätze auch sofort Aufschluß über die Verteilung der labilen und stabilen C-Werte auf der reellen C-Achse. Hieraus folgt, daß die LAMÉschen Wellenfunktionen sicherlich nicht die Gesamtheit aller periodischen Lösungen bilden. Da die Funktion $\wp(u)$ den reellen Doppelpol $u = 0$ besitzt, sind die Sätze des Abschnittes II, 3, die sich auf *beschränkte* Koeffizienten in der Differentialgleichung beziehen, nicht anwendbar.

Mit der allgemeinen Lösung der Differentialgleichungen (1) und (2) von IV, 6 a haben sich mehrere Autoren beschäftigt (*151*, S. 570—576; *49*, S. 17—18; *30*, S. 464—477). Auch Verallgemeinerungen der LAMÉschen Gleichung, d. h. allgemeiner geformte lineare homogene Differentialgleichungen mit doppeltperiodischen Koeffizienten sind von einigen Autoren (*90*) betrachtet worden. Doch verweisen wir für alle diese Fragen auf die Literatur (*30*, S. 441—464; *151*, S. 570; *49*, S. 22—26).

V. Wellenausbreitungsprobleme aus der Physik und aus der Technik.

Durch Einführung elliptischer Koordinaten sind wir in der Lage, die Wellengleichung

$$\frac{\partial^2 U}{\partial x^2} + \frac{\partial^2 U}{\partial y^2} + \frac{\partial^2 U}{\partial z^2} = \frac{1}{C_0^2}\frac{\partial^2 U}{\partial t^2}$$

(C_0 = Fortpflanzungsgeschwindigkeit, t = Zeit), welche durch den Ansatz:

$$U(x,y,z,t) = u(x,y,z)\, e^{i\omega t}$$

die Form

$$\frac{\partial^2 u}{\partial x^2} + \frac{\partial^2 u}{\partial y^2} + \frac{\partial^2 u}{\partial z^2} = -\varkappa^2 u \quad \left[\varkappa^2 = \frac{\omega^2}{c^2} = \left(\frac{2\pi}{\lambda}\right)^2;\ \lambda = \text{Wellenlänge}\right]$$

annimmt, in vielen praktisch wichtigen Fällen zu lösen. Einige dieser Fälle seien hier behandelt.

1. Beugung einer ebenen, elektrischen oder akustischen Welle an einer elliptischen Öffnung in einem dünnen ebenen Schirm.

In der Optik spielt die Beugung an Spalten eine bedeutende Rolle; ein Spalt in einem Schirm ist aber nichts anderes als eine elliptische Öffnung, deren eine Achse sehr groß ist. Die Spalte, welche in der Optik benutzt werden, sind viele Wellenlängen breit. Daher hat nur der Grenzfall eines sehr breiten Spaltes hier praktisches Interesse. In der Akustik vergleicht man die Dämpfung, welche verschiedene Materialien in einem Raum hervorrufen, mit dem Absorptionsvermögen eines offenen Fensters. Meistens sind die Abmessungen eines Fensters von gleicher Ordnung wie die benutzten Schallwellenlängen. Wir haben es hier wieder mit einer Beugungsaufgabe, die durch eine elliptische Öffnung zu idealisieren ist, zu tun. In der Akustik kann leicht der Grenzfall praktisch realisiert werden, daß die Schallwellenlänge groß zu den Abmessungen der Beugungsöffnung ist.

a) Mathematische Formulierung der Aufgabe für elektromagnetische und für akustische Wellen.

Der Schirm liege in der (xz)-Ebene; in Fig. 5 ist ein Querschnitt parallel zur (xy)-Ebene durch den breitesten Teil der Beugungsöffnung gelegt. Die Achsen dieser Öffnung fallen mit den x- und z-Achsen zusammen. Der ebene Wellenzug soll aus der Richtung, wo y gleich $+\infty$ ist, auf den Schirm fallen. Die Wellennormale bilde mit den y- und z-Achsen Winkel, deren cos bzw. β und 0 sind.

Im Falle elektromagnetischer Wellen nehmen wir die Schirmwand unendlich gut leitend und unendlich dünn an. Wir unterscheiden hier zwei Fälle: 1. elektrischer Vektor parallel zu z; 2. magnetischer Vektor parallel zu z. Der andere Vektor liegt hierbei immer in der Wellenfrontebene und senkrecht zum obengenannten Vektor. Im Falle 1 wählen wir den elektrischen Vektor als abhängige Veränderliche u. Auf der Schirmwand ist dann $u = 0$. Im zweiten Fall nehmen wir den magnetischen Vektor als abhängige Veränderliche u. Der elektrische Vektor ist dann proportional zu $\partial u/\partial n$, wobei n die Normalrichtung zur Wellenfrontebene anzeigt. Die Komponente der elektrischen Feldstärke parallel zur Schirmwand ist proportional zu $\partial u/\partial y$. Dieser Ausdruck muß somit auf der Schirmwand verschwinden. In beiden Fällen müssen die elektrischen und magnetischen Vektoren die Beugungsöffnung stetig durchsetzen. Dies bedingt, daß hier u, $\partial u/\partial y$ und $\partial u/\partial x$ stetig sein müssen. Die zuletzt angeschriebene Forderung ist bei Stetigkeit von u in der Öffnung von selbst erfüllt.

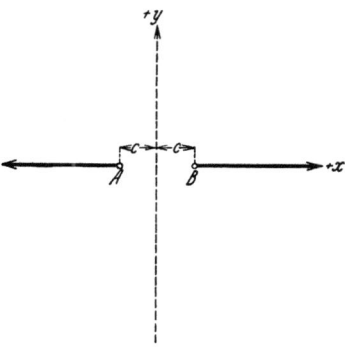

Fig. 5. Querschnitt durch den breitesten Teil einer elliptischen Öffnung in einer unendlich ausgedehnten ebenen Schirmwand.

Wir kommen jetzt zum Fall akustischer Wellen und benutzen in üblicher Weise das Geschwindigkeitspotential als abhängige Veränderliche u. Auf der Schirmwand muß die Geschwindigkeit der Luftteilchen senkrecht zu dieser Wand, die vollkommen starr sein soll, verschwinden, also $\partial u/\partial y = 0$ auf der Wand. In der Beugungsöffnung verlangen wir Stetigkeit von Druck und Geschwindigkeit der Luft. Diese Forderung ist erfüllt, wenn hier u und $\partial u/\partial y$ stetig sind.

Aus obiger Überlegung geht hervor, daß wir den Fall elektrischer und den akustischer Wellen vollkommen beherrschen, wenn wir die zwei mathematischen Probleme:

1. $u = 0$ auf der Wand; u und $\partial u/\partial y$ stetig in der Beugungsöffnung;
2. $\partial u/\partial y = 0$ auf der Wand; u und $\partial u/\partial y$ stetig in der Beugungsöffnung gelöst haben.

Außer diesen Bedingungen auf der Wand und in der Beugungsöffnung muß die mathematische Lösung, damit sie physikalisch einer ebenen einfallenden, zurückgeworfenen und einer hinter der Wand vom Spalt auslaufenden Welle entspricht, noch einige ,,Bedingungen im Unendlichen'' erfüllen.

Als einfallende Welle nehmen wir an:

(1) $$\begin{cases} e^{+i\varkappa\beta y - i\varkappa\alpha x}; & (i = \sqrt{-1}); \\ \alpha^2 + \beta^2 = 1; \\ \varkappa = 2\pi/\lambda; \\ \lambda = \text{Wellenlänge}. \end{cases}$$

Unserem dreidimensionalen Problem entsprechend, hängt die auslaufende Welle vom Spalt hinter der Wand in großer Entfernung von der Beugungsöffnung von dieser Entfernung r wie

$$\frac{e^{-i\varkappa r}}{r}$$

ab. Dies müssen wir auch von unserer mathematischen Lösung fordern.

Die zurückgeworfene Welle vor der Schirmwand ist in den Fällen I und II verschieden. Man findet leicht, daß die Wellenamplitude der reflektierten Welle vor der Wand im Unendlichen sich im

(2) $\begin{cases} \text{Fall I} & \text{wie} \quad -e^{-i\varkappa\beta y - i\varkappa\alpha x}, \\ \text{Fall II} & \text{wie} \quad e^{-i\varkappa\beta y - i\varkappa\alpha x} \end{cases}$

verhält. Durch (1) und (2) ist auf der Wand das Verschwinden von u bzw. $\partial u/\partial y$ verbürgt.

Wir haben zu (1) und (2) noch jene Ausdrücke zu addieren, welche von der Beugung an der Öffnung herrühren. Vor der Wand (y positiv) sei der betreffende Ausdruck ψ, hinter der Wand (y negativ) χ genannt.

Diese *Beugungsfunktionen* müssen im Zusammenhang mit den hingeschriebenen Ausdrücken (1) und (2) folgende Gleichungen befriedigen:

(3) $\begin{cases} \text{Fall I} \quad \psi = 0 \text{ und } \chi = 0 \text{ auf der Wand,} \\ \text{in der Öffnung:} \quad \psi = \chi, \quad \dfrac{\partial \psi}{\partial y} + 2 i \varkappa \beta e^{-i\varkappa\alpha x} = \dfrac{\partial \chi}{\partial y}; \\ \text{Fall II} \quad \dfrac{\partial \psi}{\partial y} = 0 \text{ und } \dfrac{\partial \chi}{\partial y} = 0 \text{ auf der Wand,} \\ \text{in der Öffnung:} \quad \dfrac{\partial \psi}{\partial y} = \dfrac{\partial \chi}{\partial y}, \quad \psi + 2 e^{-i\varkappa\alpha x} = \chi. \end{cases}$

b) Entwicklung der Beugungsfunktionen für eine elliptische Öffnung nach LAMÉschen Funktionen.

Wir führen ein elliptisches Koordinatensystem ein mit den Brennpunkten der Beugungsöffnung als Brennpunkten. Die anderen Brennpunkte des elliptischen Koordinatensystems fallen mit den Punkten A und B der Fig. 5 und mit den Endpunkten der großen Öffnungsachse zusammen. Von den Entwicklungen der Abschnitte I, 1 c und III weichen wir beim vorliegenden Koordinatensystem nur insoweit ab, als jetzt die mit z zusammenfallende Ellipsoidachse $2a$ größer als $2c$ ist: $2a > 2c > 2b$, wobei $2b$ und $2c$ bzw. die Halbachsen bezeichnen, die mit y und x zusammenfallen. Das Grundellipsoid unseres Koordinatensystems, das mit der Beugungsöffnung zusammenfallen soll, hat $b = 0$.

Wir setzen:

(1) $\qquad \psi = -\chi = \sum A_n \cdot S_n(\mu \nu) \cdot R_n^{(3)}(\varrho)$

und können dann die Koeffizienten A_n in den Fällen I und II aus den Gleichungen von V, 1 a ermitteln. Es ist $R_n^{(3)}$ eine LAMÉsche Wellenfunktion im Raume dritter Art nach IV, 4 d. Hierdurch wird verbürgt, daß die Lösung der Beugungsaufgabe den im Unendlichen gestellten Bedingungen von V, 1 a genügt.

Eine numerische Verfolgung des Ansatzes (1) ist zur Zeit nur durchführbar für zwei Sonderfälle: a) Abmessungen der Beugungsöffnung sehr klein, gemessen an der Wellenlänge; b) Abmessungen der Beugungsöffnung sehr groß, gemessen an der Wellenlänge.

c) Abmessungen der Beugungsöffnung sehr klein, gemessen an der Wellenlänge; Beugung von Schallwellen.

Im vorliegenden Sonderfall kann die Wellengleichung für alle Punkte der Beugungsöffnung durch die Potentialgleichung ersetzt werden. Die Beugungsfunktionen genügen also in erster Näherung der zuletzt genannten Differentialgleichung, solange die Umgebung der Spaltöffnung betrachtet wird.

Wir nehmen insbesondere die Beugung von Schallwellen an einer elliptischen Öffnung, also die Aufgabe II von V, 1 a. Hierbei ist näherungsweise:

$$\psi + 2 = \chi \quad \text{oder mit } \psi = -\chi: \quad \chi = 1$$

in der Spaltöffnung und $d\psi/dy = 0$ auf der Schirmwand.

Dieses Problem wird gelöst von

$$\psi = M_0(\mu) \cdot N_0(\nu) \cdot T_0(\varrho),$$

wobei M_0 und N_0 LAMÉsche Potentialfunktionen auf der Ellipsoidfläche von nullter Ordnung darstellen und T_0 die LAMÉsche zugeordnete Potentialfunktion im Raume von der Ordnung Null ist (IV, 2 b). Es ist nach IV, 3 a $M_0 = N_0 = 1$, und weiterhin ist

$$T_0 = u \quad \text{mit} \quad \varrho^2 = \wp(u) + h; \quad h = \frac{a^2 + b^2 + c^2}{3}$$

nach IV, 1 a und IV 3 a. Bemerkenswert ist, daß die *Richtung* der einfallenden Welle bei kleinen Beugungsöffnungen in erster Näherung die Beugungsfunktion nicht beeinflußt.

Das Beugungsproblem II hat im vorliegenden „Potentialfall" weitgehende Analogien mit elektrischen Problemen. Man denke sich z. B. ein unendlich ausgedehntes Metall, das durch eine dünne nichtleitende Schicht bis auf die Beugungsöffnung in zwei Teile getrennt wird. Es sei an das Metallstück beiderseits der Trennwand ein Potentialgefälle angelegt. Die Strömung der Elektrizität durch den Leiterteil, der die Beugungsöffnung vertritt, ist ein Problem, das vollkommen äquivalent ist zum Beugungsproblem im Potentialgrenzfall (*115*, II, S. 177; *79*, S. 249). Ein zweites elektrisches Analogon zum Schallbeugungsproblem erhält man durch folgende Überlegung. Die Beugungsöffnung ist eine Fläche konstanten Potentials. Betrachtet man sie als Entartung eines dreiachsigen Ellipsoides, so haben wir somit das Problem der Ladungsverteilung auf einem ellipsoidischen Leiter vor uns (*115*, l. c.; *79*, l. c.).

Im zuerst genannten elektrischen Analogon ist es vorteilhaft, den Begriff der „Leitfähigkeit" der Beugungsöffnung einzuführen. Diese Leitfähigkeit K ist folgendermaßen definiert. Es sei $\Phi_1 - \Phi_2$ die Potentialdifferenz beiderseits der Beugungsöffnung. Dann ist der Strom durch die Öffnung hindurch $K(\Phi_1 - \Phi_2)$. Das Absorptionsvermögen A der Öffnung für Schallwellen, d. h. die von der Öffnung durchgelassene Schallenergie, dividiert durch die auf die Öffnung eintreffende Energie, ist, wie leicht zu zeigen (79, S. 250):

$$A = \frac{2K^2}{\pi},$$

also bei kleinen Öffnungen unabhängig von der Wellenlänge, wie zu erwarten. Lord RAYLEIGH hat das Absorptionsvermögen einer elliptischen Öffnung mit demjenigen einer kreisförmigen Öffnung gleicher Fläche verglichen. Hierzu führen wir die numerische Exzentrizität e der Öffnungsellipse ein:

$$e = \sqrt{\frac{a^2 - c^2}{a^2}} = \sin\varphi.$$

Man hat (115, II, S. 179):

$\varphi = \arcsin e$	0°	20°	30°	40°	50°	60°	70°	80°	90°
A/A_0	1	1,0004	1,0026	1,0088	1,0244	1,0602	1,14	1,43	∞

Für eine Ellipse mit Achsenverhältnis 2 : 1 ist das Absorptionsvermögen also nur um etwa 3% erhöht gegenüber dem Kreisfall. Eine direkte Behandlung des Kreisfalles findet man in der Literatur (78).

d) Entwicklung nach MATHIEUschen Funktionen im Sonderfall eines Spaltes.

Wenn die elliptische Öffnung $2a \to \infty$ hat, entsteht ein gerader Spalt. In diesem Fall kann die Beugungsaufgabe durch MATHIEUsche Funktionen gelöst werden (135). Wir setzen (I, 1, d):

$$x = c \operatorname{\mathfrak{Cof}} \xi \cos\eta;$$
$$y = c \operatorname{\mathfrak{Sin}} \xi \sin\eta.$$

Wir beschäftigen uns zunächst mit dem Problem I. Die Lösung setzt sich wie folgt zusammen:

für pos. y: $u = e^{+i\varkappa\beta y - i\varkappa\alpha x} - e^{-i\varkappa\beta y - i\varkappa\alpha x} + \psi$,

für neg. y: $\chi = u$.

Diese Lösung befriedigt die Grenzbedingungen:

$u = 0$ auf der Wand, u, $\partial u/\partial x$ und $\partial u/\partial y$ stetig im Spalt, sobald ψ und χ den ersten drei Gleichungen (3) von V, I a genügen. Wir setzen:

$$(1) \quad \psi = -\chi = \sum_{n=1}^{\infty} D_{2n} \cdot \mathfrak{S}_{2n}^{(3)}(\xi) \cdot S_{2n}^{(1)}(\eta) + \sum_{n=0}^{\infty} E_{2n+1} \mathfrak{S}_{2n+1}^{(3)}(\xi) \cdot S_{2n+1}^{(1)}(\eta)$$

und suchen die konstanten Koeffizienten D_{2n} und E_{2n+1} aus den Grenzbedingungen zu bestimmen. Zunächst bemerken wir, daß ψ und χ für

$\eta = 0$ und $\eta = \pi$ verschwinden, wodurch u auf der Wand Null wird, wie gefordert. Zur Bestimmung von den D und E bleibt uns die Gleichung:

(2) $\quad \left\{\dfrac{\partial \psi}{\partial y} - \dfrac{\partial \chi}{\partial y}\right\}_{\xi=0} = \left\{\dfrac{2}{c\sqrt{1-\cos^2\eta}} \dfrac{\partial \psi}{\partial \xi}\right\}_{\xi=0} = -2i\varkappa\beta e^{-i\varkappa\alpha x}.$

Mit Hilfe der Formel:

(3) $\quad (e^{-i\varkappa\alpha x})_{\xi=0} = e^{-i\varkappa c\alpha \cos\eta} = I_0(\varkappa c\alpha) + 2\sum_{s=1}^{\infty}(-i)^s \cdot I_s(\varkappa c\alpha) \cdot \cos s\eta$

gelingt diese Bestimmung leicht, sobald wir von den Orthogonalitätseigenschaften (3), (4) und (5), Abschnitt III, 2 e der in (1) verwendeten MATHIEUschen Funktionen $S_{2n}^{(1)}$ bzw. $S_{2n+1}^{(1)}$ Gebrauch machen. Wir multiplizieren zunächst die Gleichung (2) links und rechts mit $c \cdot \sin\eta \cdot S_{2n}(\eta)$ und integrieren über η von 0 bis π. Nur jene Glieder der Reihe (3), die ungerades s haben, liefern einen Beitrag, und wir erhalten:

(4) $\quad \begin{cases} D_{2n} = \dfrac{-i\varkappa c\beta}{N_{2n} \cdot \mathfrak{S}_{2n}^{(3)\prime}(\xi=0)} \cdot \displaystyle\int_0^\pi d\eta \cdot \sin\eta \cdot S_{2n} \\ \qquad \cdot \left\{ 2\displaystyle\sum_{s=0}^\infty (-i)^{2s+1} \cdot I_{2s+1}(\varkappa c\alpha) \cdot \cos(2s+1)\eta \right\}. \end{cases}$

Hierbei ist:

$$N_{2n} = \int_0^\pi (S_{2n})^2 d\eta\,;$$

$$\mathfrak{S}_{2n}^{(3)\prime}(\xi=0) = \left\{\dfrac{d\mathfrak{S}_{2n}^{(3)}}{d\xi}\right\}_{\xi=0}.$$

In analoger Weise erhalten wir die Koeffizienten E_{2n+1}, indem wir (2) links und rechts mit $c \cdot \sin\eta \cdot S_{2n+1}$ multiplizieren und über η von 0 bis π integrieren:

(5) $\quad \begin{cases} E_{2n+1} = \dfrac{-i\varkappa c\beta}{N_{2n+1} \cdot S_{2n+1}^{(3)\prime}(\xi=0)} \cdot \displaystyle\int_0^\pi d\eta \cdot \sin\eta \cdot S_{2n+1} \\ \qquad \cdot \left\{ I_0(\varkappa c\alpha) + 2\displaystyle\sum_{s=1}^\infty (-1)^s \cdot I_{2s}(\varkappa c\alpha) \cdot \cos 2s\eta \right\}. \end{cases}$

Die Bedeutung der Symbole ist analog denjenigen in (4). Mit den Gleichungen (1), (4) und (5) haben wir das Beugungsproblem I streng gelöst. Die gleichmäßige Konvergenz der Reihe (1) folgt aus den Sätzen über die Entwickelbarkeit willkürlicher Funktionen nach LIOUVILLEschen Eigenfunktionen, wenn man beachtet, daß der Betrag von $\mathfrak{S}_{2n}^{(3)}$ und $\mathfrak{S}_{2n-1}^{(3)}$ für alle ξ endlich ist. Auf den Beweis soll hier nicht eingegangen werden.

84 V. Wellenausbreitungsprobleme aus der Physik und aus der Technik. [290

Außerdem genügt unsere Lösung der „Bedingung im Unendlichen", da $\mathfrak{S}_{2n}^{(3)}$ und $\mathfrak{S}_{2n+1}^{(3)}$ für $\xi \to \infty$ sich alle wie

$$\frac{\text{const}}{\sqrt{r}} \cdot e^{-i\varkappa r},$$

unserem zweidimensionalen Problem entsprechend, verhalten.

Die Lösung des Problems II, die wir jetzt hinschreiben, verläuft genau so einfach wie jene des Problems I. Es ist:

für pos. y: $u = e^{i\varkappa\beta y - i\varkappa\alpha x} + e^{-i\varkappa\beta y - i\varkappa\alpha x} + \psi$;

für neg. y: $u = \chi$.

Die Grenzbedingungen: $\partial u/\partial y = 0$ auf der Wand, u, $\partial u/\partial x$ und $\partial u/\partial y$ stetig im Spalt, sind befriedigt, wenn ψ und χ den zweiten drei Gleichungen von (3) V, 1 a genügen.

Es sei:

(6) $\quad \psi = -\chi = \sum\limits_{n=0}^{\infty} F_{2n}\, \mathfrak{S}_{2n}^{(3)}(\xi)\, C_{2n}^{(1)}(\eta) + \sum\limits_{n=0}^{\infty} G_{2n+1}\, \mathfrak{S}_{2n+1}^{(3)} C_{2n+1}^{(1)}.$

Offenbar verschwinden $\partial\psi/\partial y$ und $\partial\chi/\partial y$, die für $\eta = 0$ bzw. π (auf der Wand) proportional zu $\partial\psi/\partial\eta$ und $\partial\psi/\partial\eta$ sind, auf der Wand. Hierdurch ist die Bedingung: $\partial u/\partial y = 0$ auf der Wand befriedigt. Bleiben die Stetigkeitsbedingungen im Spalt. Der Differentialquotient $\partial u/\partial y$ ist hier stetig, denn es ist:

für pos. y: $\left.\dfrac{\partial u}{\partial y}\right|_{\xi=0} = +\dfrac{\partial u}{\partial \xi} \cdot \dfrac{1}{c\sqrt{1-\cos^2\eta}}$;

für neg. y: $\left.\dfrac{\partial u}{\partial y}\right|_{\xi=0} = -\dfrac{\partial u}{\partial \xi} \cdot \dfrac{1}{c\sqrt{1-\cos^2\eta}}$.

Wegen unserer Wahl (6) ist somit:

$$\frac{\partial\psi}{\partial y} = \frac{\partial\chi}{\partial y}.$$

Die andere Stetigkeitsbedingung im Spalt (u stetig) liefert uns alle Koeffizienten F und G aus (6). Hierzu multiplizieren wir beide Seiten der Gleichung:

(7) $\quad \begin{cases} (\psi - \chi)_{\xi=0} = 2\psi|_{\xi=0} = -2e^{-i\varkappa\alpha x} = -2e^{-i\varkappa c\alpha\cos\eta} \\ \qquad = -2\left\{ I_0(\varkappa c\alpha) + \sum\limits_{s=1}^{\infty}(-i)^s \cdot I_s(\varkappa c\alpha)\cdot\cos s\eta \right\}, \end{cases}$

mit $C_{2n}(\eta)$ und integrieren über η von 0 bis π. Alle Glieder mit ungeradem Index der Reihen links und rechts in (7) fallen heraus, und wir erhalten:

(8) $\quad \begin{cases} F_{2n} = \dfrac{1}{N_{2n}\,\mathfrak{S}_{2n}^{(3)}(\xi=0)} \cdot \int\limits_0^{\pi} d\eta \cdot C_{2n}(\eta) \\ \qquad \cdot \left\{ I_0(\varkappa c\alpha) + \sum\limits_{s=1}^{\infty}(-1)^s I_{2s}(\varkappa c\alpha)\cdot\cos 2s\eta \right\}; \\ N_{2n} = \int\limits_0^{\pi} (C_{2n}(\eta))^2\, d\eta. \end{cases}$

In analoger Weise multiplizieren wir jetzt beide Seiten von (7) mit C_{2n+1} und integrieren wieder über η von 0 bis π. Diesmal fallen alle geraden Reihenglieder heraus, und wir erhalten:

$$(9) \quad \begin{cases} G_{2n+1} = \dfrac{-1}{N_{2n+1} \cdot \mathfrak{C}_{2n+1}^{(3)}(\xi=0)} \cdot \int_0^\pi d\eta \cdot C_{2n+1}(\eta) \\ \qquad \cdot \left\{ \displaystyle\sum_{s=0}^{\infty} (-i)^{2s+1} \cdot I_{2s+1}(\varkappa c\alpha) \cdot \cos(2s+1)\eta \right\}. \end{cases}$$

Hiermit ist auch das Beugungsproblem II durch die Gleichungen (6), (8) und (9) vollständig gelöst. Über die Konvergenz der lösenden Reihe kann man gleiches bemerken wie oben.

Man kann zeigen, daß unsere Lösungen für enge Spalte ($h \to 0$) in RAYLEIGHS Formeln (114) für diese Fälle übergehen (135).

Numerisch interessant ist die Berechnung des Absorptionskoeffizienten (durchgelassene Energie dividiert durch auftreffende Energie) für einen Spalt bei Schallwellen. Hierdurch wird das praktisch wichtige Problem der Schallabsorption eines offenen Fensters seiner Lösung näher gebracht. Es ergibt sich, daß KIRCHHOFFS Theorie, die auf dem HUYGENSschen Prinzip beruht, schon für Spalte von nur $^2/_3$ Wellenlänge Breite dem exakten Ergebnis viel näher kommt, als RAYLEIGHS Näherung, die zu verschwindender Spaltbreite ($h \to 0$) gehört (135).

e) Bemerkung zum HUYGENSschen Prinzip.

Wenn eine Beugungsöffnung groß ist im Vergleich zur Wellenlänge, kann man sie zur Berechnung der gebeugten Strahlung in erster Näherung, so lange man sich auf große Entfernungen von der Öffnung beschränkt, durch eine gleichmäßige *Quellenverteilung* ersetzt denken. Aus dieser Quellenverteilung ist dann die Beugungsfunktion durch bloße Integration zu berechnen. Dies ist für den vorliegenden Fall die Aussage des sog. HUYGENSschen *Prinzips* (88, S. 7). Durch vorstehende Rechnung ist gezeigt worden, daß dieses Prinzip in manchen Fällen auch bei Beugungsöffnungen, die nicht sehr groß gegen die Wellenlänge sind, eine bemerkenswert gute Näherung ergibt (KIRCHHOFFsche Näherung).

Wir können hiervon noch eine technische Anwendung machen. Bei der Berechnung der Strahlung von sog. Richtantennen kann man in gewissen Fällen für die Rechnung eine in einer Ebene stehende Kombination von Linearantennen durch einen strahlenden Antennenschirm ersetzen. Nun ist in der Literatur hervorgehoben worden (10a), daß die Richteffekte solcher Antennenschirme ganz den sog. FRAUNHOFERschen Beugungsfiguren einer Öffnung analog sind. Auf Grund des HUYGENSschen Prinzipes leuchtet dies sofort ein für Abmessungen, groß gegen die Wellenlänge. Da wir aber oben gesehen haben, daß das Prinzip von

HUYGENS auch noch für nicht große Öffnungen Geltung haben kann, geht der gemachte Vergleich in Wirklichkeit viel weiter als man annehmen würde. Er kann auch auf Antennenschirme ausgedehnt werden, die nicht groß sind im Vergleich zur Wellenlänge.

2. Beugung einer ebenen elektrischen oder akustischen Welle an einem Ellipsoid oder an einem elliptischen Zylinder.

Bei der Beugung von elektromagnetischen Wellen an ellipsoidischen Körpern werden wir letztere stets als vollkommen leitend voraussetzen. Der allgemeinere Fall nicht vollkommener Leitfähigkeit ist in der Literatur behandelt (*98*, S. 716—727; *89*, S. 101—104), aber nicht durchgerechnet worden. Bei akustischen Wellen setzen wir den beugenden Körper als vollkommen starr voraus.

a) Mathematische Formulierung des Beugungsproblems im elektrischen und im akustischen Fall.

Im akustischen Fall benutzen wir das Geschwindigkeitspotential Φ als abhängige Variable. An der Körperoberfläche ist die Luftgeschwindigkeit in Richtung der Flächennormale $v_n = 0$. Wir haben außerdem, wie im Spaltproblem von V, 1, die Nebenbedingung, daß die Beugungsfunktion, welche zur ungestörten einfallenden Wellenfunktion addiert wird, im Unendlichen verschwindet, und zwar im dreidimensionalen Fall wie $e^{-i\varkappa r}/r$, wo r den Abstand vom Beugungskörper bezeichnet.

Im elektrischen Fall benutzen wir das HERTZsche Vektorpotential Π als abhängige Variable. Dieses Potential genügt der Wellengleichung:

$$\frac{\partial^2 \Pi}{\partial x^2} + \frac{\partial^2 \Pi}{\partial y^2} + \frac{\partial^2 \Pi}{\partial z^2} = -\varkappa^2 \Pi.$$

Die elektrische Feldstärke $\mathfrak{E}$ und die magnetische Feldstärke $\mathfrak{H}$ können aus Π berechnet werden mit den Formeln:

(1) $$\begin{cases} \mathfrak{E} = -i\varkappa[\operatorname{grad}\operatorname{div}\Pi + \varkappa^2 \Pi]; \\ \mathfrak{H} = \operatorname{rot}\Pi. \end{cases}$$

Hierbei ist in üblicher Weise die elektrische Feldstärke, die magnetische Feldstärke sowie das Vektorpotential von der Zeit durch den Faktor $e^{i\omega t}$ (ω Kreisfrequenz) abhängig gedacht. Auf der Leiteroberfläche lautet, da die Leitfähigkeit unendlich groß ist, die Grenzbedingung, daß die tangentiale Komponente von $\mathfrak{E}$ und die normale Komponente von $\mathfrak{H}$ verschwinden. Beide Bedingungen sind nicht voneinander unabhängig, sondern gleichwertig; wir können die eine oder die andere benutzen. Als Nebenbedingung gilt wieder: Verschwinden der Beugungsfunktion im Unendlichen wie $e^{-i\varkappa r}/r$.

b) Entwicklung der Beugungsfunktion nach LAMÉschen Wellenfunktionen beim Ellipsoid.

Wir nehmen an, für die einfallende ebene elektromagnetische Welle habe Π nur eine Komponente in der z-Richtung Π_z, die wir der Kürze wegen mit Π bezeichnen. Es sei $\Pi = e^{-i\varkappa x}$. Das Ellipsoid liege, wie in I, 1 c mit seinem Mittelpunkt im Koordinatenanfangspunkt und seinen Achsen in der x-, y- bzw. z-Richtung. Das Beugungspotential Π_1, das von der Beugung von Π am Ellipsoid herrührt, besitzt im allgemeinen drei Komponenten (98, S. 726—727). Das gesamte HERTZsche Vektorpotential, das unsere Beugungsaufgabe löst, lautet somit:

$$\Pi + \Pi_1.$$

Wir entwickeln die Komponenten von Π_1 nach LAMÉschen Produkten:

(1)
$$\begin{cases} \Pi_{1x} = \sum A_n R_n^{(3)}(\varrho)\, S_n(\mu,\nu), \\ \Pi_{1y} = \sum B_n R_n^{(3)}(\varrho)\, S_n(\mu,\nu), \\ \Pi_{1z} = \sum C_n R_n^{(3)}(\varrho)\, S_n(\mu,\nu). \end{cases}$$

Hierbei sind $R_n^{(3)}$ LAMÉsche Wellenfunktionen im Raume, die sich für $\varrho \to \infty$ bis auf einen gleichgültigen Faktor wie

$$\frac{e^{-i\varkappa r}}{r}$$

verhalten, also Funktionen, die in IV 4 c, und IV, 4 d als Funktionen dritter Art bezeichnet wurden. Die Oberflächenbedingung auf dem Ellipsoid lautet: Verschwinden von $\mathfrak{H}_n$ (n äußere Normale). Wir berechnen $\mathfrak{H}$ aus $\Pi + \Pi_1$ nach (1) von V, 2 a und erhalten durch Aufspalten in x-, y- und z-Komponenten von $\Pi + \Pi_1$ drei Gleichungen, aus denen die Koeffizienten von (1) berechnet werden können. Hiermit ist dann die Beugungsaufgabe gelöst. Für Schallwellen ist die Aufgabe eine skalare, also einfacher lösbar als oben.

c) Beugung am abgeplatteten Rotationsellipsoid, insbesondere an einer Kreisplatte.

Wir beschäftigen uns mit der Beugung einer ebenen Schallwelle an einem abgeplatteten Rotationsellipsoid. Für das gestreckte Rotationsellipsoid vgl. man die Arbeiten von R. MACLAURIN (89, S. 101) und K. F. HERZFELD (43). Die Achsen des Ellipsoides sollen wie in I, 1 b liegen. Das Geschwindigkeitspotential der einfallenden ebenen Welle sei $\Phi_0 = e^{-i\varkappa x}$, dasjenige der gebeugten Welle Φ_1; die Lösung der Aufgabe:

$$\Phi = \Phi_0 + \Phi_1.$$

Wir entwickeln:

$$\Phi_1 = \sum A_s \cdot R_s^{(3)}(\xi) \cdot M_s(\mu),$$

wobei die LAMÉschen rotationssymmetrischen Wellenfunktionen M_s dem Abschnitt IV, 5 zu entnehmen sind. Unter $R_s^{(3)}(\xi)$ sind rotationssymmetrische LAMÉsche Wellenfunktionen dritter Klasse im Raum nach dem Abschnitt IV, 5 b zu verstehen. Auf der Oberfläche des Ellipsoides soll $\partial \Phi/\partial n$ (n äußere Normalrichtung) verschwinden. Nun ist

$$\frac{\partial \Phi}{\partial n} = \frac{\partial \Phi}{\partial \xi} \cdot \left(c\sqrt{\frac{\xi^2+\mu^2}{\xi^2+1}}\right)^{-1}$$

$$= \{-i\varkappa c\mu e^{-i\varkappa c\mu\xi} + \sum A_s \cdot R_s^{(3)'} \cdot M_s\} \cdot \left(c\sqrt{\frac{\xi^2+\mu^2}{\xi^2+1}}\right)^{-1}.$$

Folglich:

(1) $$\sum A_s \cdot R_s^{(3)'}(\xi = \xi_0) \cdot M_s(\mu) = i\varkappa c\mu e^{-i\varkappa c\mu\xi},$$

wobei ξ_0 die Ellipsoidoberfläche festlegt.

Wir multiplizieren in (1) links und rechts mit $M_s(\mu)$ und integrieren über μ von -1 bis $+1$. Wegen der Orthogonalitätseigenschaften der M_s (IV, 4 b) erhält man

(2) $$A_s = \frac{i\varkappa c \int_{-1}^{+1} M_s(\mu) \cdot \mu \cdot e^{-i\varkappa c\xi_0\mu} \cdot d\mu}{R_s^{(3)'}(\xi = \xi_0) \cdot \int_{-1}^{+1} M_s^2(\mu) \cdot d\mu}.$$

Hiermit ist unsere Aufgabe völlig gelöst. Für eine Kreisplatte ist $\xi_0 = 0$ zu setzen (vgl. IV, 5 h). Numerisches über die Beugung an der Kreisplatte findet man bei E. LOMMEL (*87*) und F. MÖGLICH (*98*, S. 730 bis 734). Für akustische Untersuchungen (RAYLEIGHsche Scheibe) hat der Grenzfall sehr großer Wellenlänge, gemessen am Scheibendurchmesser, praktisches Interesse. Das so entstehende hydrodynamische Strömungsproblem hat W. KÖNIG (*72*) gelöst (*39*, S. 148—150).

Auch für die Beugung elektromagnetischer Wellen an einem leitenden elliptischen Zylinder verweisen wir nach der Literatur (*121*, S. 657—664).

d) Bemerkung über das Prinzip von BABINET.

Wir stellen hier einander gegenüber: a) einen dünnen endlichen Schirm; b) eine Öffnung in einer unendlichen dünnen umgebenden ebenen Schirmwand. Das Prinzip von BABINET (*31*, II, S. 343; *114*, S. 286) besagt, daß das Problem I (vgl. V, 1 a) im Falle (a) äquivalent ist mit dem Problem II im Falle (b); weiterhin das Problem II im Falle (a) mit dem Problem I im Falle (b).

Der Beweis hierfür läßt sich in folgender Weise andeuten. Im Falle (a) gebe man zunächst die ungestörte Welle. Die Beugungsfunktion muß beim Problem II die Geschwindigkeit $\partial \psi/\partial n = 0$ machen auf der Schirmwand (a). Dies wird erreicht, wenn man die Schirmwand ersetzt durch eine Geschwindigkeitsverteilung, entgegengesetzt gleich derjenigen, welche die ungestörte einfallende Welle an der Stelle des Schirmes erzeugt. Beim Problem I wird im Falle (b) nach V, 1 a dieser Bedingung genügt. Analog sieht man den anderen Fall ein. Durch dieses Prinzip beherrschen wir mit der Lösung einer Beugungsaufgabe für ein Schirmchen auch sofort die Lösung der komplementären Aufgabe für eine Öffnung in einer ebenen Wand.

3. Schallstrahlungsprobleme im Zusammenhang mit einer starren Kreisplatte.

In der Akustik gibt es mehrere Probleme, welche mit Hilfe der LAMÉschen Wellenfunktionen des abgeplatteten Rotationsellipsoides, insbesondere der Kreisplatte, lösbar sind. Zunächst die Berechnung der Schallstrahlung einer frei axial schwingenden Kreisplatte; dann die Schallstrahlung, wenn ein Teil der Kreisplatte axial schwingt, während der übrige Teil als Schirmplatte (*131*) wirkt; endlich jener Grenzfall, der aus letzterem Problem entsteht, wenn die Schirmplatte sich bis ins Unendliche erstreckt. Auch gewisse Fragen über den Einfluß eines aufgesetzten Horns auf die Schallstrahlung lassen sich hier anreihen.

a) Schallstrahlung einer frei axial schwingenden starren Kreisplatte.

In allen Problemen des Abschnittes V, 3 soll die Bewegung um die Achse der Kreisplatte herum rotationssymmetrisch sein. Wir fassen die Kreisplatte als Entartung des abgeplatteten Rotationsellipsoides auf, geben also zunächst die Berechnung für ein solches Ellipsoid endlicher Abmessungen und gehen sodann zur Grenze unendlich kleiner axialer Dicke über. Auf der Oberfläche des Rotationsellipsoides ist die *Geschwindigkeit* vorgegeben, also $\partial\Phi/\partial n$ (n äußere Flächennormale). Und zwar hat $\partial\Phi/\partial n$ beiderseits der Mittelparallelebene entgegengesetztes Zeichen. Hieraus folgt, daß für die Lösung der vorliegenden Aufgabe nur LAMÉsche Wellenfunktionen auf der Ellipsoidfläche (IV, 5 a) in Betracht kommen, die nach Kugelfunktionen P_{2n+1} *ungerader* Ordnung entwickelt sind. In der Bezeichnung IV, 5 c und IV, 5 e ist somit $m = 0$ und $n = 1, 3, 5 \ldots$ Wir bezeichnen die betreffenden LAMÉschen Wellenfunktionen mit

$$M_{2n+1} = b_0 P_1 - b_1 P_3 + b_2 P_5 \cdots \pm b_s P_{2s+1}, \qquad n = 0, 1, 2, 3, \ldots$$

Die entsprechenden Raumfunktionen der *dritten* Klasse seien $R_{2n+1}(\xi)$, so daß eine Lösung der Wellengleichung lautet:

$$(1) \qquad \Phi = \sum_0^\infty A_{2n+1} \cdot R_{2n+1}(\xi) \cdot M_{2n+1}(\mu).$$

Es handelt sich darum, die Koeffizienten A_{2n+1} derart zu bestimmen, daß $\partial\Phi/\partial n$ auf der Ellipsoidoberfläche den vorgeschriebenen Wert besitzt. Für den Fall des vorliegenden Abschnittes, daß die *ganze* Kreisplatte schwingt, ist $\partial\Phi/\partial n$ im Betrag konstant gleich v auf jeder Seite der Mittelparallelebene. Weiter ist nach I, 1 und I, 1 b:

$$\frac{\partial \Phi}{\partial n} = \frac{\partial \Phi}{\partial \xi} \cdot \frac{1}{g_{11}} = \frac{\partial \Phi}{\partial \xi} \cdot \frac{1}{c} \sqrt{\frac{\xi^2 + 1}{\xi^2 + \mu^2}}.$$

Folglich:
$$(2) \quad v = \sum_{n=0,1,\ldots}^{\infty} A_{2n+1} \left\{ \frac{1}{c} \sqrt{\frac{\xi^2+1}{\xi^2+\mu^2}} \cdot \frac{dR_{2n+1}}{d\xi} \right\}_{\xi=\xi_0} \cdot M_{2n+1}(\mu),$$

wobei ξ_0 die Ellipsoidoberfläche festlegt. Wir multiplizieren (2) links und rechts mit
$$c \sqrt{\frac{\xi_0^2+\mu^2}{\xi_0^2+1}}\, M_{2n+1}$$

und integrieren sodann über μ von 0 bis 1. Wegen der Orthogonalität der M_{2n+1} entsteht:

$$(3) \quad A_{2n+1} \cdot Q_{2n+1} \cdot \left(\frac{dR_{2n+1}}{d\xi}\right)_{\xi=\xi_0} = \int_0^1 d\mu \cdot c \cdot \sqrt{\frac{\xi_0^2+\mu^2}{\xi_0^2+1}} \cdot v \cdot M_{2n+1}(\mu);$$

$$Q_{2n+1} = \int_0^1 M_{2n+1}^2 \, d\mu.$$

Durch (1) und (3) ist die vorliegende Aufgabe gelöst. Beim Übergang zum Kreisplättchen haben wir $\xi_0 = 0$ zu setzen (vgl. IV, 5 h).

b) Sonderfälle sehr großer und sehr kleiner Wellenlänge.

Wenn das Geschwindigkeitspotential nach (1) von V, 3 a bekannt ist, kann die gesamte Rückwirkung der Schallstrahlung auf die schwingende Kreisplatte leicht bestimmt werden. Die Kraft, welche die Schallstrahlung auf die Scheibe ausübt, ist (*115*, II, S. 162)

$$(1) \quad K = -i\omega\sigma \cdot \iint \Phi \, df,$$

wobei σ die Luftdichte, ω die Kreisfrequenz in der Zeitabhängigkeit $e^{i\omega t}$ von Φ, $(i = \sqrt{-1})$ darstellen und über die gesamte Ellipsoidoberfläche zu integrieren ist. Für die betrachtete Rückwirkung ist es praktisch, den Begriff der Impedanz Z einzuführen. Diese ist definiert als die Kraft K nach (1), dividiert durch die Geschwindigkeit des Antriebspunktes der Scheibe (im vorliegenden Fall v): $Z = K/v$. Diese Impedanz Z hat einen reellen und einen imaginären Anteil. Der reelle Teil von Z ist proportional zur gesamten Schallenergiestrahlung, der imaginäre Teil von Z kann gleich ωm gesetzt werden, wobei m die Masse ist, welche infolge der mitschwingenden Luft zur Scheibenmasse addiert werden muß.

Einfach zu behandeln sind zwei Sonderfälle des vorliegenden Problems:

a) Schallwellenlänge in Luft sehr groß gegen die Scheibenabmessungen;

b) Schallwellenlänge in Luft sehr klein gegen die Scheibenabmessungen.

Im Fall (a) geht die Wellengleichung in die Potentialgleichung über, und wir haben das Problem der Translationsbewegung einer Kreisscheibe durch eine ruhende ideale Flüssigkeit. Diese Aufgabe kann leicht mit Hilfe LAMÉscher Potentialfunktionen behandelt werden (78). Für die Masse m der mitschwingenden Luft findet man im vorliegenden Fall [78, S. 162 (20)]:

$$m = \frac{2}{\pi} \cdot \frac{4}{3} \pi a^3 \cdot \sigma,$$

wobei a der Scheibenradius ist.

Für sehr *kleine* Wellenlänge wird $m = 0$.

Im Fall (b) können wir vom HUYGENSschen Prinzip Gebrauch machen und die konstante Geschwindigkeitsverteilung auf der Scheibenoberfläche näherungsweise durch eine konstante *Quellenverteilung* ersetzen. Da außerdem die Luftströmung von der Vorder- zur Hinterseite hier völlig vernachlässigbar ist, kann man die Scheibe durch eine unendlich ausgedehnte ebene Schirmwand umgeben und erhält das Geschwindigkeitspotential durch bloße Integration (*115*, II, S. 162):

$$\Phi = -\frac{1}{2\pi} \iint v \frac{e^{-i\varkappa r}}{r} df.$$

Hierbei ist r der Abstand des Aufpunktes vom betrachteten Scheibenpunkt, und das Integral ist über die gesamte Scheibenoberfläche zu erstrecken.

c) Schwingende Kreisscheibe in einer ebenen kreisförmigen Schirmwand.

Dieses Problem unterscheidet sich mathematisch vom vorigen dadurch, daß v nicht auf der ganzen Scheibenoberfläche im Betrag konstant ist, sondern nur auf einem Teil derselben, während v im übrigen verschwindet. Die Lösung der Aufgabe ist somit in den Formeln von V, 3 a enthalten, sofern das Integral rechts in (3) V, 3 a nur über jenen Teil der Scheibenoberfläche erstreckt wird, wo v von Null verschieden ist.

Wir können, wie im vorhergehenden Fall, gewisse Ergebnisse der Rechnung leicht übersehen, für den Fall, daß (a) der Radius des schwinden Scheibenteiles klein ist, gemessen an der Wellenlänge und für den Fall, daß (b) dieser Radius groß ist. Im Fall (a) kann man noch unterscheiden zwischen einer Schirmwand, die ebenfalls klein ist gegen die Wellenlänge und einer Schirmwand, die groß ist zur Wellenlänge. Im zuletztgenannten Fall haben wir, wie im Falle (b) mit größer Näherung das Problem einer schwingenden Kreisscheibe in einer unendlich großen umgebenden Schirmwand vor uns. Die Ergebnisse hierfür sind zum Teil aus der Literatur bekannt (*115*, II, S. 162; *4*).

Dagegen führt der Fall, daß der schwingende *und* der ruhende Teil der Kreisscheibe klein sind gegen die Wellenlänge, auf ein Potentialproblem. Wir können das Geschwindigkeitspotential in der Umgebung der Scheibe nach LAMÉschen Potentialfunktionen entwickeln. Es soll v verschwinden für $\mu > \mu_0$. Dann ist zu setzen

$$\Phi = \sum_{n=0,1,2,\ldots}^{\infty} A_{2n+1} \cdot P_{2n+1}(\mu) \cdot Q_{2n+1}(i\xi),$$

wobei die Bezeichnungen von IV, 3, b benutzt worden sind. Für die Koeffizienten A_{2n+1} findet man den Ausdruck:

$$A_{2n+1} \cdot p_{2n+1} \cdot \left(\frac{dQ_{2n+1}}{d\xi}\right)_{\xi=\xi_0} = \int_1^{\mu_0} c \sqrt{\frac{\xi_0^2 + \mu^2}{\xi_0^2 + 1}} \cdot v \cdot P_{2n+1}(\mu) \cdot d\mu;$$

$$p_{2n+1} = \int_0^1 P_{2n+1}^2 \, d\mu.$$

Die Masse m der mitschwingenden Luft berechnet sich aus Φ nach der Formel [78, S. 57 (4)]:

$$m = \left| \frac{\sigma}{v} \iint \Phi \, df \right|,$$

wobei das Integral über den *schwingenden Teil* der Scheibe zu erstrecken ist. Es ist

(1) $$m = \sum_{n=0,1,2,\ldots}^{\infty} 2\pi \frac{\sigma \cdot k_{2n+1}^2 \cdot Q_{2n+1}(i\xi_0)}{p_{2n+1} \cdot Q'_{2n+1}(i\xi_0)},$$

wo

$$k_{2n+1} = \int_1^{\mu_0} c \cdot \mu \cdot P_{2n+1}(\mu) \cdot d\mu$$

und Akzente Differentiation nach ξ darstellen ($\xi_0 = 0$).

d) Sonderfall einer unendlich großen ebenen Schirmwand.

Obwohl der Fall einer unendlich großen ebenen Schirmwand, in der eine starre Kreisscheibe schwingt, in der Literatur mehrfach behandelt wurde (*115*, II, S. 162; *4*), ist bisher doch noch kein Ausdruck für das Geschwindigkeitspotential bekannt, der für jeden beliebigen Raumpunkt gültig ist. Ein solcher Ausdruck läßt sich mit Hilfe der LAMÉschen Wellenfunktionen des abgeplatteten Rotationsellipsoides aufstellen.

Zunächst bemerke man, daß durch die unendlich große Schirmwand das Problem in zwei vollkommen gleiche Teile zerlegt wird, die sich auf die Vorder- und auf die Hinterseite der Wand beziehen. Wir können bei der Lösung den Phasenunterschied zwischen Vorder- und Rückseite ignorieren und die Lösung für *eine* Seite, wobei $\partial \Phi / \partial n$ auf der Schirmwand Null ist, aus LAMÉschen Wellenfunktionen des abgeplatteten Rotationsellipsoides *gerader* Ordnung aufbauen. Diese Wellenfunktionen

sind nach IV, 5 c und IV, 5 e mit $m = 0$:
$$M_{2n} = a_0 P_0 - a_1 P_2 \cdots \pm a_r P_{2r} + \cdots,$$
und wir haben:

(1) $$\Phi = \sum_{n=0,1,2,\ldots}^{\infty} A_{2n} \cdot R_{2n}^{(3)}(\xi) \cdot M_{2n}(\mu).$$

Da, genau wie in V, 3 a die Geschwindigkeit der Scheibe vorgeschrieben und gleich v ist, erhält man für die Koeffizienten A_{2n} den Ausdruck:

(2) $$A_{2n} = (Q_{2n} \cdot R_{2n}^{(3)\prime}(\xi_0))^{-1} \cdot \int_0^1 c \sqrt{\frac{\xi_0^2 + \mu^2}{\xi_0^2 + 1}} \cdot v \cdot M_{2n} \cdot d\mu;$$

$$Q_{2n} = \int_0^1 M_{2n}^2 d\mu,$$

wo wieder $\xi_0 = 0$ zu setzen ist (vgl. IV, 5 h) auf der Scheibenoberfläche. Durch (1) und (2) ist das vorliegende Problem allgemein gelöst.

e) Schallstrahlungsaufgaben mit hyperboloidisch geformtem Horn.

An Stelle der oben mehrfach erwähnten Schirmplatte endlicher oder unendlicher Ausdehnung wird oft in der Praxis die schwingende Scheibe an der Basis eines Hornes angeordnet. Die Form dieses Hornes kann noch verschieden gewählt werden. Wenn wir annehmen, daß sie mit einem einschaligen Rotationshyperboloid zusammenfällt, entstehen Probleme, die mit Hilfe der oben benutzten LAMÉschen Wellenfunktionen bewältigt werden können. Hierzu nehmen wir an, die schwingende Kreisscheibe befinde sich in der Mittelparallelebene des Hyperboloids. Es kommt nun darauf an, einen Ausdruck für das Geschwindigkeitspotential zu finden, der folgenden Bedingungen genügt: (a) $\partial \Phi / \partial n = v$ auf der Kreisscheibe; (b) $\partial \Phi / \partial n = 0$ auf der Oberfläche des starr gedachten Rotationshyperboloides.

Um der zuletztgenannten Bedingung genügen zu können, brauchen wir LAMÉsche Wellenfunktionen $M(\mu)$, die für $\mu = \mu_0$, wo μ_0 den Öffnungswinkel des Rotationshyperboloides festlegt, eine verschwindende Ableitung haben. Da in unserer Berechnungsweise (IV, 5 c und IV, 5 e) die LAMÉschen Funktionen nach LEGENDREschen Polynomen entwickelt erscheinen, müssen wir gleiches von diesen Polynomen fordern. Nun ist bekannt, daß das Polynom

$$P_n(\mu)$$

für $\mu = \mu_0$ eine verschwindende Ableitung nach $\Theta = \arccos \mu$ besitzt, wenn $n = \dfrac{l\pi}{\arccos \mu}$ ist (64, S. 80), mit $l = 1, 2, 3, \ldots$, mit anderen Worten, wenn wir LEGENDREsche Funktionen gebrochener Ordnung einführen. Entsprechend diesen LEGENDREschen Funktionen gebrochener Ordnung erhält man durch diese Wahl von n in den Formeln von IV, 5 c,

IV, 5 d und IV, 5 e auch LAMÉsche Wellenfunktionen gebrochener Ordnung, die der Orthogonalitätsbedingung

(1) $$\int_1^{\mu_0} M_n(\mu) \cdot M_m(\mu) \, d\mu = 0 \, ;$$

$$n = \frac{l\pi}{\arccos \mu_0}; \quad m = \frac{k\pi}{\arccos \mu_0};$$

$$l = 1, 2, 3, \ldots; \quad k = 1, 2, 3, \ldots; \quad l \neq k$$

genügen. Wir können jetzt die Lösung des vorliegenden Problems nach diesen LAMÉschen Wellenfunktionen entwickeln:

(2) $$\Phi = \sum A_n M_n(\mu) \cdot R_n^{(3)}(\xi) \, ,$$

wobei n die oben angegebenen Werte durchläuft und über l von 1 bis ∞ zu summieren ist. Man erhält für die A_n aus (2) mit Hilfe von (1) den Ausdruck:

(3) $$A_n = \frac{1}{R_n^{(3)\prime}(\xi_0)} \cdot \frac{v \cdot c \cdot \int_1^{\mu_0} \sqrt{\frac{\xi_0^2 + \mu^2}{\xi_0^2 + 1}} \cdot M_n(\mu) \, d\mu}{\int_1^{\mu_0} M_n^2 \, d\mu} \, .$$

Wenn wir es mit einer Kreisscheibe, die in der Mittelparallelebene des Rotationshyperboloides $\mu = \mu_0$ schwingt, zu tun haben, ist $\xi_0 = 0$ zu setzen. Sollte die schwingende Scheibe die Form eines Rotationsellipsoides, konfokal zum Hyperboloid, haben, so ist der entsprechende ξ_0-Wert einzusetzen. Mit (2) und (3) ist das vorliegende Problem gelöst.

f) Bemerkung über zweidimensionale Probleme, die den obigen analog sind.

Mit Hilfe MATHIEUscher Funktionen können eine Reihe von Problemen gelöst werden, welche als zweidimensionales Analogon zu den oben betrachteten aufzufassen sind.

Zunächst die Schallstrahlung eines unendlich langen, starren, frei schwingenden Bändchens. Hier ist für das Geschwindigkeitspotential anzusetzen:

(1) $$\Phi = \sum_{n=0,1,2,\ldots}^{\infty} A_{2n+1} \cdot S_{2n+1}^{(1)}(\eta) \cdot \mathfrak{S}_{2n+1}^{(3)}(\xi) \, ,$$

wobei $S_{2n+1}^{(1)}$ und $\mathfrak{S}_{2n+1}^{(3)}$ bzw. MATHIEUsche Funktionen und zugeordnete MATHIEUsche Funktionen dritter Art nach III, 2 a bzw. III, 5 a sind. Auf dem Bändchen soll $|\partial \Phi / \partial n| = v$ sein. Dann berechnen sich die A_{2n+1} aus

(2) $$A_{2n+1} = \frac{1}{N_{2n+1} \mathfrak{S}_{2n+1}^{(3)\prime}(\xi_0)} \cdot c \cdot v \int_0^{\pi} \sin \eta \cdot S_{2n+1}^{(1)}(\eta) \, d\eta \, ,$$

wo

$$N_{2n+1} = \int_0^{\pi} (S_{2n+1}^{(1)}(\eta))^2 \, d\eta \, .$$

In ganz analoger Weise läßt sich durch den Ansatz (1), nur mit anderen Koeffizienten A_{2n+1} als (2), das Problem lösen, welches entsteht, wenn das Bändchen mit einem endlich breiten Schirmstreifen in der gleichen Ebene links und rechts versehen ist. Für den Fall, daß die Schirmstreifen unendlich breit sind, muß der Ansatz (1) durch den Ansatz:

$$(3) \qquad \Phi = \sum_{n=0,1,2,\ldots}^{\infty} A_{2n} \cdot C_{2n}(\eta) \cdot \mathfrak{C}_{2n}^{(3)}(\xi)$$

ersetzt werden, ganz analog zu (1) von V, 3 d. Im übrigen verläuft die Lösung wie oben.

Endlich können wir noch, dem obenbehandelten Hornproblem entsprechend, den Fall betrachten, daß das schwingende Bändchen an der Basis eines „zweidimensionalen Hornes" schwingt, das im Querschnitt die Form einer Hyperbel hat. Bei diesem Problem ist wieder vom Ansatz (3) auszugehen, wobei aber n nicht mehr ganze Zahlen durchläuft, sondern Brüche, welche durch die Öffnung des Hornes bestimmt werden.

VI. Eigenschwingungsprobleme.

Die Eigenschwingungsaufgaben können, soweit sie räumlich ausgedehnte Gebiete betreffen, in zwei Gruppen eingeteilt werden: Innenraumprobleme und Außenraumprobleme. Von beiden Problemarten behandeln wir einige Beispiele, die aus der mathematischen Akustik und aus der MAXWELLschen Elektrizitätstheorie entnommen sind. Von den ebenen Problemen nennen wir die Eigenschwingungen elastischer Membranen und Platten elliptischer Kontur (*95; 96; 89*, S. *72—73*; *116*, II, S. *728*).

1. Innenraumprobleme.

Wir betrachten ein Raumgebiet, das von einem Ellipsoid begrenzt ist. Die Luft in diesem Hohlraum hat gewisse Eigenschwingungsfrequenzen. Auch das elektromagnetische Feld im Hohlraum besitzt eine abzählbar unendliche Reihe von Eigenfrequenzen. Weiter betrachten wir einen elektrischen Leiter, dessen Begrenzung von einem Ellipsoid gebildet wird. Dieser Leiter befinde sich in einem stationären äußeren Magnetfeld. Wird dieses äußere Feld plötzlich zum Verschwinden gebracht, so klingen die elektrischen Induktionsströme im Leiter mit gewissen Eigenzeitkonstanten ab. Ähnliche Zeitkonstanten des Leiters spielen eine wichtige Rolle bei der Berechnung der Erwärmung und der Abkühlung bei äußerem Temperaturwechsel und bei der Berechnung von Diffusionsvorgängen. Von den erwähnten Innenraumproblemen werden wir einige Beispiele behandeln.

a) Eigenschwingungen eines Luftvolumens, das von einem Ellipsoid begrenzt ist (89, S. 98—99).

Als abhängige Variable benutzen wir in üblicher Weise das Geschwindigkeitspotential Φ. An der Innenoberfläche des vollkommen starr gedachten Ellipsoides mit der inneren Normalen n muß gelten:

$$\frac{\partial \Phi}{\partial n} = 0.$$

Beim dreiachsigen Ellipsoid kommt dies für die Eigenlösung

$$R_i(\varrho) \cdot S_i(\mu, \nu)$$

hinaus auf die Bedingung

(1) $\qquad \left(\dfrac{d R_i}{d \varrho}\right)_{\varrho = \varrho_0} = 0.$

Aus der Gleichung (1), die eine transzendente Bestimmungsgleichung für die Konstante k der Wellengleichung (I, 1 c) darstellt, sind die verschiedenen Eigenfrequenzen zu berechnen.

Wir führen dies im Anschluß an R. MACLAURIN (89) durch für ein gestrecktes Rotationsellipsoid. Hier lauten die Eigenlösungen:

$$R_n^{(1)}(\xi) \cdot M_n(\mu) \cdot \begin{cases} \cos m\varphi \\ \sin m\varphi \end{cases},$$

wobei $R_n^{(1)}$ und M_n aus dem Abschnitt IV, 5 bekannt sind. Die Oberflächenbedingung ergibt hier als Gleichung für die Eigenfrequenzen

(2) $\qquad \left(\dfrac{d R_n}{d \xi}\right)_{\xi = \xi_0} = 0.$

Für nicht zu große Werte von $kc\xi_0 = z$ können wir die nach steigenden Potenzen von z geordneten Reihen von Abschnitt IV, 5 d in (2) einsetzen. Unter Einführung der numerischen Exzentrizität e des Ellipsoides findet man, daß (2) für $m = 0$ und $n = 1$ übergeht in (89, S. 88):

$$\left(e = \sqrt{\frac{a^2 - b^2}{a^2}}; \quad a \text{ und } b \text{ Ellipsoidhalbachsen}\right),$$

$1 - 0{,}3 z^2 + (0{,}017857 + 0{,}0034285\, e^2)\, z^4$
$\quad - (0{,}00059524 + 0{,}00031747\, e^2 - 0{,}00003047\, e^4)\, z^6$
$\quad + (0{,}00006764 + 0{,}0000111\, e^2 - 0{,}0000010885\, e^4)\, z^8 + \cdots = 0.$

Die kleinste Wurzel ist:

e	0	0,1	0,2	0,3	0,4	0,5	0,6	0,7	0,8	0,9
	2,0815	2,0825	2,0848	2,0865	2,0902	2,0961	2,1035	2,1124	2,1233	2,1364

Hieraus können die Grundschwingungsfrequenzen der Luft in gestreckten Rotationsellipsoiden sofort entnommen werden, indem für $c\xi_0$ der gerade vorliegende Wert, der mit der Größe des Ellipsoides zusammenhängt, eingesetzt wird. Interessant ist es, aus obiger Tabelle zu entnehmen, daß die niedrigste Eigenfrequenz bei einem Ellipsoid mit $e = 0{,}9$ zu derjenigen bei einer Kugel ($e = 0$) mit gleichem Radius wie die große Ellipsoidhalbachse wie 2,13 zu 2,08 steht, also sich um noch nicht 3% ändert. In analoger Weise lassen sich die Eigenfrequenzen eines Luftraumes zwischen zwei konfokalen Ellipsoiden berechnen (*89*, S. 91—96).

b) Eigenzeitkonstanten ellipsoidischer Leiter (*89*, S. 104—105; *129*).

Ein leitendes Rotationsellipsoid soll sich in einem homogenen stationären äußeren axialen magnetischen Feld befinden. Plötzlich wird dieses äußere Feld zum Verschwinden gebracht. Im Leiter werden Induktionsströme kreisen, wobei die Stromrichtung parallel und konzentrisch zu Breitkreisen der Leiteroberfläche sein wird. Setzt man als Zeitabhängigkeit des Stromes und somit auch der magnetischen Feldstärke im Leiter e^{-pt} an, so genügt die magnetische Feldstärke H im Leiter der Differentialgleichung

(1) $$\frac{\partial^2 H}{\partial x^2} + \frac{\partial^2 H}{\partial y^2} + \frac{\partial^2 H}{\partial z^2} = -\varkappa^2 H,$$

mit

$$\varkappa^2 = p \frac{4\pi\mu}{V^2 \cdot \varrho},$$

μ die Permeabilität,
ϱ der spez. elektr. Widerstand (GAUSSsche Einheiten),
V die Lichtgeschwindigkeit.

Wir nehmen nun an, die Permeabilität μ sei sehr groß. Dann wird H an der Leiteroberfläche dieser Begrenzung parallel verlaufen. Außen soll H verschwinden. Folglich muß auch H an der Oberfläche *im* Leiter Null sein. Diese homogene Randaufgabe kann nur für bestimmte p-Werte gelöst werden, die man wie folgt findet. Die Komponenten von H befriedigen die Gleichung (1) in Koordinaten des gestreckten Rotationsellipsoides, das wir hier insbesondere betrachten wollen, wenn man sie dem Ausdruck

$$R_n^{(1)}(\xi) \cdot M_n(\mu)$$

proportional setzt. Es folgt aus der Symmetrie des Problems, daß die magnetische Feldstärke nicht von φ, dem Azimut, abhängt. Der Oberflächenbedingung wird genügt, wenn gilt:

(2) $$R_n^{(1)}(\xi) = 0,$$

womit wir eine Bestimmungsgleichung für p gefunden haben. Die kleinste Eigenzeitkonstante ist die niedrigste Wurzel von (2) mit $n = 0$. Man findet folgende Werte:

e	0	0,1	0,2	0,3	0,4	0,5
p/p_0	1	0,9877	0,9701	0,9328	0,8810	0,8166

Hierbei ist p_0 der Wert von p für $e = 0$, also für eine Kugel. Im vorliegenden Fall weichen die Eigenzeitkonstanten bei gestreckten Rotationsellipsoiden von gleicher großer Halbachse wie der Kugelhalbmesser stärker von den Eigenzeitkonstanten der Kugel ab als im vorigen Abschnitte die Eigenfrequenzen einer Luftmasse.

In analoger Weise, wie hier für ein gestrecktes Rotationsellipsoid durchgeführt, lassen sich die Fälle eines dreiachsigen Ellipsoides (*139*) und eines elliptischen Zylinders (*129*) behandeln.

Auch die Wärmebewegung in einem ellipsoidischen Körper (*89*, S. 105 bis 108) sowie gewisse Diffusionsprobleme (*116*, II) lassen sich mit Hilfe der obigen Formeln behandeln.

2. Außenraumprobleme.

Wir werden uns hier mit den elektromagnetischen Eigenschwingungen befassen, die ein ellipsoidisch begrenzter Leiter in einem unendlichen homogenen umgebenden Dielektrikum aufweist. Insbesondere betrachten wir das gestreckte Rotationsellipsoid und den elliptischen Zylinder.

a) Elektromagnetische Eigenschwingungen eines leitenden gestreckten Rotationsellipsoids.

Die Ellipsoidachse sei, wie in I, 1a die x-Achse. Wir betrachten nun eine durch gewisse Kräfte auf der Ellipsoidoberfläche festgehaltene elektrische Ladungsverteilung, welche symmetrisch zur Rotationsachse sein soll. Bei Fortfall der erwähnten Kräfte wird die Ladungsverteilung, sofern sie nicht zufällig mit der Gleichgewichtsverteilung auf dem leitenden Ellipsoid zusammenfiel, sich dieser Gleichgewichtsverteilung oszillatorisch nähern. Gesucht ist die niedrigste Eigenfrequenz des entstehenden abklingenden Schwingungsvorganges.

Durch den rotationssymmetrischen Charakter der ursprünglich angenommenen Ladungsverteilung werden die Ausgleichsströme nur in Meridianebenen fließen. Die magnetische Feldstärke wird in geschlossenen Parallelkreisen verlaufen. Nennen wir H_x, H_y und H_z die Komponenten dieser Feldstärke (die Zeitabhängigkeit durch den Faktor $e^{i\omega t}$ lassen wir in üblicher Weise fort), so werden diese gegeben sein durch die Ausdrücke

$$H_y = y\chi(\xi,\mu);$$
$$H_z = -x\chi(\xi,\mu);$$
$$H_x = 0.$$

Hierbei ist $\chi(\xi\mu)$ eine Funktion von ξ und μ, die derart zu bestimmen ist, daß die Feldstärkekomponenten der Wellengleichung genügen. Diese Bedingung können wir an Hand von I, 1a und V, 5 in einfacher Weise erfüllen durch die Wahl:

(1) $$\begin{cases} H_y = \sin\varphi \cdot R_1(\xi) \cdot M_1(\mu); \\ H_z = -\cos\varphi \cdot R_1(\xi) \cdot M_1(\mu); \\ H_x = 0. \end{cases}$$

2. Außenraumprobleme.

Die Funktionen R_1 und M_1 genügen beide der Differentialgleichung:

(2) $\quad \dfrac{d}{d\xi}\left\{(1-\xi^2)\dfrac{dR_1}{d\xi}\right\} + R_1\left(\dfrac{-1}{1-\xi^2} + \varkappa^2 c^2 \xi^2 + \Lambda_0\right) = 0,$

wobei Λ_0 der niedrigste Eigenwert sein soll. Wir müssen jetzt noch die Klasse der Funktion $R_1(\xi)$ wählen. Diese Wahl fällt im Innern des leitenden Ellipsoides und im Dielektrikum (Außenraum) verschieden aus. Im Innern brauchen wir eine Funktion, die für alle ξ, mit $1 \leq \xi \leq \xi_0$, wobei ξ_0 die Ellipsoidoberfläche festlegt, endlich ist, also eine Funktion der *ersten* Klasse; im Außenraum dagegen muß die Lösung für $\xi \to \infty$ wie $e^{-i\varkappa r}/r$ verschwinden, wobei r den Radiusvektor des Aufpunktes darstellt; dort brauchen wir also eine Funktion der *dritten* Klasse.

Da wir uns weiterhin auf den Fall unendlich großer Leitfähigkeit des Ellipsoides beschränken wollen, benutzen wir nur die Lösung (1) für den Außenraum, denn im Innern des Ellipsoides verschwindet in diesem Fall die magnetische Feldstärke. Für die Funktion $R_1^{(3)}$ vgl. man IV, 5 f.

b) Gleichung für die Eigenfrequenzen bei unendlich guter Leitfähigkeit.

Bei unendlich großer Leitfähigkeit des Leiters verschwindet die tangential gerichtete elektrische Feldstärke E an der Leiteroberfläche. Die tangentiale elektrische Feldstärke hat aus Symmetriegründen nur eine Komponente in Richtung der μ-Koordinate. Wir berechnen sie aus der magnetischen Feldstärke mit Hilfe der ersten MAXWELLschen Hauptgleichung:

$$\operatorname{rot} H = \dfrac{4\pi}{c_0}\left(\sigma E + \dfrac{i\omega\varepsilon}{4\pi} E\right),$$

mit
  c_0 Lichtgeschwindigkeit,
  σ Leitfähigkeit,
  ω Kreisfrequenz,
  ε dielektrische Konstante (GAUSSsche Einheiten).

Im Außenraum ist $\sigma = 0$ und

$$\operatorname{rot}_\mu H = \dfrac{i\omega\varepsilon}{c_0} E_\mu = \dfrac{-1}{\sqrt{g_{11}g_{33}}}\dfrac{d}{d\xi}\left(\sqrt{g_{33}}\cdot H_\varphi\right),$$

mit
  $g_{11} = \dfrac{c^2(\xi^2+\mu^2)}{\xi^2-1};$

  $g_{33} = c^2(1-\mu^2)(\xi^2-1)$ nach I, 1

und $H_\varphi^2 = H_x^2 + H_y^2.$

Das Verschwinden von E_μ an der Leiteroberfläche führt somit zur Gleichung:

(1) $\quad \left[\dfrac{d}{d\xi}\left\{(\xi^2-1)^{\frac{1}{2}} R_1^{(3)}(\xi)\right\}\right]_{\xi=\xi_0} = 0,$

also zu einer transzendenten Gleichung für $\varkappa^2$ aus Gleichung (2) von VI, 2 a. Da

$$(2) \qquad \varkappa^2 = \frac{\varepsilon \omega^2}{c_0^2},$$

ergeben sich aus dieser Gleichung (1) die Eigenfrequenzen für diese besonderen Eigenschwingungen. Insbesondere folgt aus der ersten Wurzel von (1) die erste Eigenfrequenz.

Wir werden verifizieren, daß (1) im Falle einer Kugel identisch ist mit der aus der Literatur (*31*, S. 497) bekannten Gleichung. Für eine Kugel (I, 1 a) wird $\xi \to \infty$, und

$$R_1^{(3)} = \frac{H_{n+\frac{1}{2}}^{(2)}(\varkappa r)}{\sqrt{\varkappa r}},$$

wobei $H^{(2)}$ die HANKELsche Funktion zweiter Art bedeutet. Weiter strebt die lineare Exzentrizität c der Ellipse nach Null, derart, daß $\lim \xi c \to r$, wo r den Radiusvektor des Aufpunktes bedeutet. Folglich entsteht aus (1):

$$(3) \qquad \left[\frac{d}{dr}\left(r \frac{H_{n+\frac{1}{2}}^{(2)}(\varkappa r)}{\sqrt{\varkappa r}}\right)\right] = 0,$$

d. h. die Gleichung, welche J. J. THOMSON [*142*, S. 368, (108)] abgeleitet hat.

c) Sonderfälle der Kugel und des stabförmigen Leiters.

Die zwei in der Literatur behandelten Grenzfälle des gestreckten Rotationsellipsoides sind die Kugel und der Stab. Letzterer entsteht aus unseren Formeln für $\xi_0 = 1$, wobei sich dann das Rotationsellipsoid auf die Verbindungslinie der Brennpunkte zusammenzieht.

J. J. THOMSON findet für die erste Eigenfrequenz der Kugel (*142*, S. 369) aus (3) VI, 2 b mit $n = 0$:

$$\varkappa_0 r_0 = \frac{i}{2} \pm \frac{\sqrt{3}}{2}.$$

Andererseits gilt für den stabförmigen Leiter [*31*, S. 329 (50d)] in erster Näherung:

$$\varkappa_0 c = \frac{\pi}{2},$$

also eine ungedämpfte Schwingung ($\varkappa c$ reell). Gibt man dem Stab die gleiche Länge wie der Kugeldurchmesser, so ist die Schwingungsfrequenz beim Stab etwa das Doppelte der Frequenz bei der Kugel und dafür die Dämpfung, welche bei der Kugel bedeutend ist, in erster Näherung verschwunden.

Eine von obiger Behandlung abweichende Berechnung der Eigenfrequenzen leitender gestreckter Rotationsellipsoide findet man bei M. ABRAHAM (*1*) und E. HALLEN (*38*). Allerdings berücksichtigen diese Autoren nur den Grenzfall eines sehr gestreckten Ellipsoides (Draht).

d) Elektromagnetische Eigenschwingungen eines elliptischen Zylinders.

Wir denken durch äußere Kräfte auf der Zylinderoberfläche eine Ladungsverteilung festgehalten, die entlang der Erzeugenden konstant sein soll, sonst aber nicht mit einer Gleichgewichtsverteilung zusammenfällt. Wenn die äußeren Kräfte fortfallen, wird die Ladungsverteilung sich wieder oszillatorisch der Gleichgewichtsverteilung nähern. Man kann nach den hierbei ins Spiel kommenden Eigenfrequenzen des Zylinders fragen.

Die elektrische Feldstärke wird aus Symmetriegründen nur Komponenten senkrecht zur Zylinderachse haben, die magnetische Feldstärke nur eine Komponente H parallel zur Zylinderachse. Diese zuletztgenannte Komponente H genügt im Außenraum der Wellengleichung

$$\frac{\partial^2 H}{\partial x^2} + \frac{\partial^2 H}{\partial y^2} + \varkappa^2 H = 0$$

und Lösungen lauten im Außenraum:

$$H = \mathfrak{C}_n^{(3)}(\xi) \cdot C_n^{(1)}(\eta)$$

oder

$$H = \mathfrak{S}_n^{(3)}(\xi) \cdot S_n^{(1)}(\eta).$$

Vgl. für die Funktionen $\mathfrak{C}^{(3)}$ und $\mathfrak{S}^{(3)}$ die Abschnitte III, 5 a und III, 5 c. Die tangential gerichtete elektrische Feldstärke an der Leiteroberfläche kann hieraus mit Hilfe der ersten MAXWELLschen Hauptgleichung erhalten werden. Nehmen wir wieder eine unendlich gute Leitfähigkeit des Leitermaterials an, so muß diese tangential gerichtete Komponente der elektrischen Feldstärke an der Leiteroberfläche verschwinden. Man findet hieraus die Gleichungen:

(1) $$\frac{d}{d\xi_0}(\mathfrak{C}_n^{(3)}(\xi_0)) = 0;$$

(2) $$\frac{d}{d\xi_0}(\mathfrak{S}_n^{(3)}(\xi_0)) = 0.$$

Hierbei geht die erste Eigenfrequenz hervor aus (1) mit $n = 0$. Es läßt sich leicht verifizieren, daß (1) und (2) für den Kreiszylinder in eine aus der Literatur bekannte Gleichung übergehen. Hierzu bedenke man, daß im Grenzfall des Kreiszylinders gilt: $\xi \to \infty$ und $c \to 0$ (c lineare Exzentrizität, vgl. I, 1 d) und $\frac{1}{2} c e^\xi \to r$. Weiterhin gehen, wie unter anderem in III, 5 a gezeigt, die zugeordneten MATHIEUschen Funktionen dritter Art aus (1) und (2) in HANKELsche Funktionen zweiter Art gleicher Ordnung n über, so daß man hat:

$$\frac{d}{dr_0}(H_n^{(2)}(\varkappa r_0)) = 0.$$

Bemerkt sei, daß an zitierter Stelle bei J. J. THOMSON [*142*, S. 348 (88)] K statt $H^{(2)}$ steht. Wir benutzen hier, wie in allen früheren Fällen:

$$H_n^{(2)} = I_n - i N_n$$

wo N_n die BESSELsche Funktion zweiter Art nach C. NEUMANN und I_n die BESSELsche Funktion erster Art bezeichnet. Es stimmt unser $H^{(2)}$ bis auf den Faktor $i\pi/2$ mit v. IGNATOWSKYs Funktion Q überein (*64*, S. 173, 95; *20*, S. 410).

VII. Wellenmechanische Probleme.

Wir werden hier die zwei in I, 2 erwähnten wellenmechanischen Probleme behandeln, die auf die HILLsche bzw. die LAMÉsche Differentialgleichung führen. Als Exkurs werden wir, nach Behandlung der Elektronenbewegung im ruhenden eindimensionalen Kristallgitter, die Theorie der elektrischen Wellensiebe behandeln, da die hierbei benötigten Formeln unmittelbar an jene des vorangehenden wellenmechanischen Problems anschließen.

1. Elektronenbewegung im ruhenden Kristallgitter.

Wir gehen aus von der Gleichung (1) von I, 2 a:

(1) $$\frac{d^2\psi}{dx^2} + \frac{8\pi^2 m}{h^2}(E - V(x))\psi = 0,$$

welche die Elektronenbewegung im eindimensionalen Potentialfeld $V(x)$ beschreibt. Zunächst sei die weitgehende Idealisierung eingeführt, daß die Atome des betrachteten Kristallgitters ruhen; wegen der Nullpunktsenergie wird dieser Zustand auch im Fall der Temperatur Null in Wahrheit nicht vorkommen. Nimmt man weiterhin an, es liege ein vollkommener, unendlich in einer Dimension ausgedehnter Kristall vor, so wird $V(x)$ eine periodische Funktion mit der Periode a, wenn a den Abstand zweier Nachbaratome bezeichnet. Eine wirkliche Berechnung der Funktion $V(x)$ dürfte nicht durchführbar sein; wir müssen uns auf einfache Annahmen über diese Funktion beschränken.

a) Modell für das eindimensionale Kristallgitter.

Wir nehmen im Anschluß an R. DE L. KRONIG und W. G. PENNEY (*77*) an, die Funktion V sei konstant gleich Null von $x = 0$ bis $x = a$, dann gleich V_0 von $x = a$ bis $x = a + b$; weiter wieder Null von $x = a + b$ bis $x = 2a + b$ usw. Setzen wir als Lösung von (1) VII, 1, dem FLOQUETschen Satz von II, 2 entsprechend,

$$\psi = u(x) \cdot e^{i\alpha x},$$

so entsteht für α in Erweiterung von (2), III, 3 d die Formel:

(1) $$\cos\alpha(a+b) = \cos\beta a \operatorname{\mathfrak{Cof}} \gamma b + \frac{1}{2}\left(\frac{\gamma}{\beta} - \frac{\beta}{\gamma}\right)\sin\beta a \cdot \operatorname{\mathfrak{Sin}}\gamma b,$$

wobei

$$\beta^2 = \frac{8\pi^2 m}{h^2} E \quad \text{und} \quad \gamma^2 = \frac{8\pi^2 m}{h^2}(V_0 - E).$$

Physikalisch muß γ^2 positiv angenommen werden. Als Übergangsbedingung an Potentialsprüngen ist die Stetigkeit von ψ und $d\psi/dx$ angenommen, wie auch im Abschnitt III, 3 d bei der Ableitung von Formel (2). Offenbar sind jene Werte der Energie E als physikalisch für eine fortschreitende, keine Dämpfung erleidende Elektronenwelle als zulässig zu betrachten, für die $|\cos\alpha(a+b)| \leqq 1$ ist und somit α reell.

Zur weiteren Vereinfachung von (1) lasse man die Potentialschwellen V_0 unendlich hoch werden, aber zugleich sehr schmal:

$$V_0 \to \infty; \quad b \to 0$$

und

$$\lim_{\substack{b \to 0 \\ V_0 \to \infty}} \frac{\gamma^2 a b}{2} = P \quad \text{(endlich)}.$$

Man erhält dann an Stelle von (1):

(1a) $$P \cdot \frac{\sin\beta a}{\beta a} + \cos\beta a = \cos\alpha a.$$

Trägt man die linke Seite dieser Gleichung (1a) als Funktion von βa ab, so entsteht das Bild der Fig. 6. Auf der βa-Achse sind die erlaubten Werte stark ausgezogen. Aus diesem Bild folgt, daß diese erlaubten

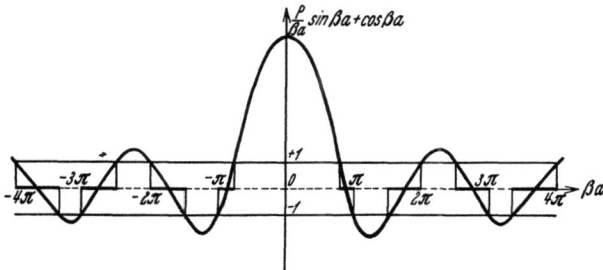

Fig. 6. Eigenwertspektrum zur Elektronenbewegung im eindimensionalen Atomgitter. (Aus Kronig-Penney, Proc. Roy. Soc. London A Bd 130 (1931) S. 499—513.)

βa- und somit auch die erlaubten E-Werte ein *streckenweise kontinuierliches* Spektrum aufweisen. Aus den Sätzen von O. Haupt (II, 2 b) und aus den Beispielen der Mathieuschen Gleichung (III, 1 a) sowie einer verwandten Gleichung (III, 3, d) war dieses Verhalten zu erwarten.

Interessant ist noch, einige Grenzfälle von (1a) zu betrachten. Wenn $P = 0$ ist, fallen die Potentialschwellen, welche als Modell für das Kristallgitter dienen, fort. Physikalisch beschreibt (1) von VII, 1 dann die Bewegung vollkommen freier Elektronen. Das E-Spektrum sollte hierfür kontinuierlich sein; dies ergibt auch (1a), wie die Fig. 6 sofort erkennen läßt. Lassen wir andererseits P immer mehr wachsen, so werden die Potentialschwellen für die Elektronen immer weniger durchdringbar. Schließlich, für $P \to \infty$, sind die Elektronen in einem Intervall der Breite a vollkommen eingeschlossen zwischen starren, undurchlässigen Wänden. Die Lösung des Eigenwertproblemes für diesen Fall, das vollkommen dem einer homogenen, gespannten Saite entspricht, lautet:

(2) $\qquad \beta a = n\pi; \quad n = 1, 2, 3, \ldots$

Dies folgt auch aus (1a), wie sofort der Fig. 6 zu entnehmen, wo die ausgezogenen Intervalle der βa-Achse sich in diesem Fall auf die Punkte (2) reduzieren.

b) Berechnung der Reflexion einer Elektronenwelle an der Grenze eines Gitters.

Als Anwendung des vorangehenden Modells berechnen wir die Reflexion einer Elektronenwelle an der Grenze eines eindimensionalen Gitters nach R. DE L. KRONIG und W. G. PENNEY (77). Die Elektronenbewegung wird wieder durch (1) von VII, 1 beschrieben. Es sei $V = V_1$ für $-\infty < x < 0$; $V = 0$ für $0 \leq x \leq a$; $V = V_0$ für $x = a$ usw. Hierbei ist, der üblichen Auffassung folgend, angenommen, der „Boden" des niedrigsten Potentials im Gitter ($V = 0$) liege um den Betrag V_1 unterhalb des Potentiales für den freien Raum.

Wir haben für $x < 0$ die Lösung

$$\psi = e^{i\alpha_0 x} + A e^{-i\alpha_0 x}$$

und für $x > 0$ die Lösung von VII, 1 a. Hierbei ist:

$$\alpha_0^2 + \frac{8\pi^2 m}{h^2} \cdot V_1 = \beta^2.$$

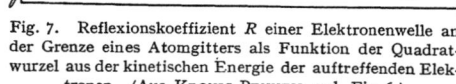

Fig. 7. Reflexionskoeffizient R einer Elektronenwelle an der Grenze eines Atomgitters als Funktion der Quadratwurzel aus der kinetischen Energie der auftreffenden Elektronen. (Aus KRONIG-PENNEY, vgl. Fig. 6.)

Als Übergangsbedingung an Potentialunstetigkeiten ist, wie im vorigen Abschnitt, Stetigkeit von ψ und $d\psi/dx$ angenommen worden. Bezeichnet man mit A^* den zu A konjugiert komplexen Wert, so ist nach den Regeln der Wellenmechanik

$$R = A A^* = \frac{(\cos\alpha a - \cos\beta a)^2 + \left(\sin\alpha a - \frac{\alpha_0}{\beta}\sin\beta a\right)^2}{(\cos\alpha a - \cos\beta a)^2 + \left(\sin\alpha a - \frac{\alpha_0}{\beta}\sin\beta a\right)^2}$$

der Reflexionskoeffizient für Elektronenwellen an der Gittergrenze $x = 0$, wenn βa in einem erlaubten Intervall der βa-Achse nach (1a) von VII, 1 a und Fig. 6 liegt. Für nichterlaubte Werte von βa ist $R = 1$. In der Fig. 7 ist R als Funktion von α_0 aus obiger Lösung abgetragen worden. Es ist α_0 proportional zur Wurzel der kinetischen Energie der auf die Gittergrenze einfallenden Elektronen.

c) Theorie der Wellensiebe mit kontinuierlichen Elementen.

Als Illustration der engen Beziehung zwischen der Fortpflanzung von Elektronenwellen in einem Kristallgitter und der Fortpflanzung elektromagnetischer Schwingungen auf Leitungen periodischer Struktur behandeln wir die Theorie der sog. Wellensiebe (*136*).

Eine elektrische Leitung habe folgende Konstanten:

L_s Serienselbstinduktion der Längeneinheit;
C_p Parallelkapazität der Längeneinheit,
L_p Parallelselbstinduktion der Längeneinheit,
C_s Serienkapazität der Längeneinheit.

In den meisten Lehrbüchern findet man nur die zwei zuerstgenannten Konstanten aufgeführt. Verluste der Leitung lassen wir außer Betracht. Man zeigt leicht auf Grund der MAXWELLschen Gleichungen, daß der Strom I auf einer Leitung mit diesen Konstanten der Differentialgleichung

$$(1) \qquad \frac{d^2 I}{d x^2} + \frac{\left(\omega^2 L_s - \frac{1}{C_s}\right)\left(\omega^2 C_p - \frac{1}{L_p}\right)}{\omega^2} I = 0$$

genügt, sofern man diesen Strom einfach periodisch mit der Kreisfrequenz ω von der Zeit abhängen läßt. Da der Koeffizient von I eine periodische Funktion von x sein soll, haben wir hier eine Differentialgleichung vom HILLschen Typus vor uns, wobei eine Lösung lautet:

$$(2) \qquad I = e^{\mu x} \cdot I_0(x),$$

wo $I_0(x)$ eine periodische Funktion von x ist. (FLOQUETS Satz, II, 2.) Zugleich lehren HAUPTS Sätze (II, 2 b), daß es als Funktion der Leitungskonstanten im allgemeinen unendlich viele Durchlaß- und Siebgebiete geben wird. In einem Durchlaßgebiet ist μ rein imaginär; in einem Siebgebiet komplex oder reell. Als besonderen Fall zur numerischen Diskussion wählen wir:

$$-a \leq x \leq 0: \qquad \frac{\left(\omega^2 L_s - \frac{1}{C_s}\right)\left(\omega^2 C_p - \frac{1}{L_p}\right)}{\omega^2} = A^2;$$

$$0 \leq x \leq b: \qquad \frac{\left(\omega^2 L_s - \frac{1}{C_s}\right)\left(\omega^2 C_p - \frac{1}{L_p}\right)}{\omega^2} = B^2,$$

und für alle anderen x-Werte soll sich dies periodisch fortsetzen. Im Gegensatz zu III, 3, d und VII, 1 a ist aber I an den Sprungstellen der Leitungskonstanten nicht mitsamt seiner ersten Ableitung stetig, sondern es gelten hier die Bedingungen:

$$I_I = I_{II};$$

$$\left(\frac{dI}{dx}\right)_I = \frac{-\frac{1}{L_{pI}} + \omega^2 C_{pI}}{-\frac{1}{L_{pII}} + \omega^2 C_{pII}} \cdot \left(\frac{dI}{dx}\right)_{II} = \frac{1}{\varkappa}\left(\frac{dI}{dx}\right)_{II}.$$

106   VII. Wellenmechanische Probleme.   [312

Die Indizes I und II sollen hierbei die betreffende Größe vor bzw. nach dem Sprung charakterisieren.

Mit Hilfe der oben angegebenen Bedingungen kann für μ aus (2) in einfacher Weise die *Siebgleichung*:

(3) $\mathfrak{Cof}\,\mu\,(a+b) = \cos A\,a \cdot \cos b B - \dfrac{1}{2}\left(\dfrac{\varkappa B}{A} + \dfrac{A}{\varkappa B}\right)\cdot \sin A\,a \cdot \sin B\,b$

erhalten werden.

d) Diskussion der Siebgleichung; die klassischen Kettenleiterformeln als Sonderfälle.

Wählen wir $a = b$ und $\varkappa = 1$, so geht (3) in Gleichung (2) von III, 3 d über. Es kann der Verlauf von $\mathfrak{Cof}\,2a\mu$ in Abhängigkeit von aA bzw. aB aus der Fig. 4 von III, 3 d entnommen werden. Es ist eine unendlich große Zahl von Sieb- und Durchlaßgebieten im allgemeinen endlicher Breite vorhanden.

In der Elektrotechnik werden sog. Kettenleiter oder Wellensiebe verwendet, welche dazu benutzt werden, elektromagnetische Wellen verschiedener Frequenz voneinander zu trennen. Von der im vorigen Abschnitt betrachteten Leitung periodischer Struktur unterscheiden sich diese Kettenleiter durch folgende Eigenschaften:

a) die Leitung enthält streckenweise nur Kapazität bzw. nur Selbstinduktion;

b) die Maschenweite (Periode) der Leitung ist sehr klein gegenüber der auf der Leitung gemessenen Wellenlänge der betrachteten elektromagnetischen Schwingungen.

Letztere Bedingung kommt in unserer Schreibweise hinaus auf $Aa \ll 1$ und $Ba \ll 1$. Die vier in der Literatur als Grundtypen auftretenden Kettenleiter kommen unter den Annahmen (a) und (b) aus (3) von VII, 1 c durch folgende Ansätze zum Vorschein:

Für *Kettenleiter mit niedrigem Durchlaßbereich* (Fig. 8) setzen wir:

im Intervall I: $C_s = \infty$; $L_p = \infty$; $L_s = \dfrac{L}{\varepsilon}$; $C_p = \varepsilon C$; $a\sqrt{L_s C_p} = \dfrac{\varepsilon}{\omega_0}$;

im Intervall II: $C_s = \infty$; $L_p = \infty$; $L_s = \varepsilon L$; $C_p = \dfrac{C}{\varepsilon}$; $a\sqrt{L_s C_p} = \dfrac{\varepsilon}{\omega_0}$.

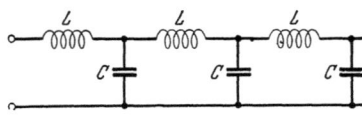   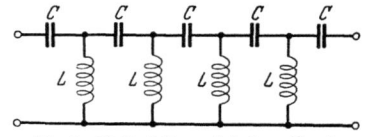

Fig. 8. Kettenleiter mit niedrigem Durchlaßbereich.   Fig. 9. Kettenleiter mit hohem Durchlaßbereich.

Hierdurch schreibt sich (3) für $\varepsilon \to 0$:

$$\mathfrak{Cof}\,2a\mu = 1 - \dfrac{1}{2}\left(\dfrac{\omega}{\omega_0}\right)^2;\quad \dfrac{1}{\omega_0} = \sqrt{LC},$$

die bekannte Gleichung für diese Kettenleiter.

Bei *Kettenleitern mit hohem Durchlaßbereich* (Fig. 9) setzen wir:

im Intervall I: $L_s = 0$; $C_p = 0$; $L_p = \varepsilon L$; $C_s = \dfrac{C}{\varepsilon}$; $\dfrac{a}{\sqrt{L_p C_s}} = \varepsilon \omega_0$;

im Intervall II: $L_s = 0$; $C_p = 0$; $L_p = \dfrac{L}{\varepsilon}$; $C_s = \varepsilon C$; $\dfrac{a}{\sqrt{L_p C_s}} = \varepsilon \omega_0$.

Hierdurch wird (3) für $\varepsilon \to 0$:

$$\mathfrak{Cos}\, 2a\mu = 1 - \frac{1}{2}\left(\frac{\omega_0}{\omega}\right)^2; \quad \frac{1}{\omega_0} = \sqrt{LC},$$

was bekanntlich diese Kettenleiter beschreibt.

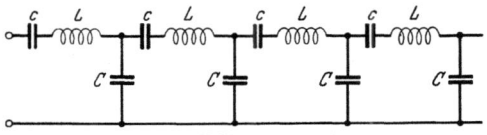

Fig. 10. Siebkette erster Art.

Siebketten erster Art (Fig. 10) gehen aus (3) hervor durch den Ansatz:

im Intervall I: $L_p = \infty$; $C_s = \varepsilon c$; $L_s = \dfrac{L}{\varepsilon}$; $C_p = \varepsilon C$; $Aa = \varepsilon\left(-\dfrac{C}{c} + \dfrac{\omega^2}{\omega_0^2}\right)^{\frac{1}{2}}$,

im Intervall II: $L_s = \infty$; $C_s = \dfrac{c}{\varepsilon}$; $L_s = \varepsilon L$; $C_p = \dfrac{C}{\varepsilon}$; $Ba = \varepsilon\left(-\dfrac{C}{c} + \dfrac{\omega^2}{\omega_0^2}\right)^{\frac{1}{2}}$,

denn hierdurch geht aus (3) für $\varepsilon \to 0$:

$$\mathfrak{Cos}\, 2a\mu = 1 + \frac{1}{2}\frac{C}{c} - \frac{1}{2}\left(\frac{\omega}{\omega_0}\right)^2; \quad \frac{1}{\omega_0} = \sqrt{LC},$$

die bekannte Formel für diese Siebe, hervor.

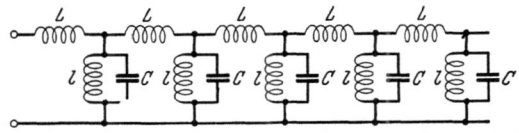

Fig. 11. Siebkette zweiter Art. Diese 4 Figuren aus STRUTT (*136*).

Siebketten zweiter Art (Fig. 11) entstehen durch den Ansatz:

im Intervall I: $C_s = \infty$; $L_s = \varepsilon L$; $L_p = \varepsilon l$; $C_p = \dfrac{C}{\varepsilon}$; $Aa = \varepsilon\left(-\dfrac{L}{l} + \dfrac{\omega^2}{\omega_0^2}\right)^{\frac{1}{2}}$;

im Intervall II: $C_s = \infty$; $L_s = \dfrac{L}{\varepsilon}$; $L_p = \dfrac{l}{\varepsilon}$; $C_p = \varepsilon C$; $Ba = \varepsilon\left(-\dfrac{L}{l} + \dfrac{\omega^2}{\omega_0^2}\right)^{\frac{1}{2}}$,

denn hierdurch wird (3) mit $\varepsilon \to 0$:

$$\mathfrak{Cos}\, 2a\mu = 1 + \frac{1}{2}\frac{L}{l} - \frac{1}{2}\left(\frac{\omega}{\omega_0}\right)^2; \quad \frac{1}{\omega_0} = \sqrt{LC},$$

was bekanntlich diesen Siebtypus darstellt.

Es ist interessant, zu sehen, wie durch gewisse, hier angegebene Grenzübergänge statt der unendlich vielen Durchlaß- und Siebgebiete eine endliche Anzahl (in den vier behandelten Fällen sogar nur ein einziges) solcher Gebiete aus der allgemeinen Gleichung (3) von VII, 1 c folgt.

2. Quantelung des asymmetrischen Kreisels.

Die Quantelung des asymmetrischen Kreisels ist ein Problem, das in der Wellenmechanik für gewisse einfache Fälle durch die Theorie der LAMÉschen Potentialfunktionen gelöst werden kann, wie H. A. KRAMERS und G. P. ITTMANN (*60; 61; 73; 74; 75*) gezeigt haben. Ein asymmetrischer Kreisel dient dabei als wellenmechanisches Modell eines mehratomigen Moleküls.

a) Einführung elliptischer Koordinaten; Lamésche Funktionen.

Die Achsen des Kreisels sollen mit den x-, y- und z-Richtungen zusammenfallen (körperfestes Koordinatensystem). Die Lage dieser Achsen im X-, Y-, Z-Raum (raumfestes System) wird durch drei Winkel ϑ, ψ und φ festgelegt. Hierbei sind φ und ϑ die Polarkoordinaten der raumfesten Z-Achse im x-, y-, z-System. Die Trägheitsmomente des Kreisels um die drei Hauptträgheitsachsen, die mit x, y und z zusammenfallen, seien bzw. $1/a^2$, $1/b^2$ und $1/c^2$.

Es können nun neue „elliptische Koordinaten auf der Kugelfläche" eingeführt werden mittels:

$$\cos^2\vartheta = \frac{(\mu^2-c^2)(\nu^2-c^2)}{(a^2-c^2)(b^2-c^2)}; \quad \sin^2\vartheta \sin^2\varphi = \frac{(a^2-\mu^2)(a^2-\nu^2)}{(a^2-c^2)(a^2-b^2)};$$

$$\sin^2\vartheta \cos^2\varphi = \frac{(b^2-\mu^2)(\nu^2-b^2)}{(a^2-b^2)(b^2-c^2)};$$

$$a^2 \geq \mu^2 \geq b^2 \geq \nu^2 \geq c^2.$$

Wenn Lösungen U der SCHRÖDINGERschen Wellengleichung gesucht werden, welche die Winkelkoordinate ψ nicht enthalten, d. h. für Kreisel, welche um die raumfeste Polarachse das Impulsmoment Null besitzen, findet man für U die Gleichung:

(1) $$\frac{\nu^2}{\nu^2-\mu^2}\left(\sqrt{-4f(\mu^2)}\frac{\partial}{\partial \mu}\right)^2 U + \frac{\mu^2}{\nu^2-\mu^2}\left(\sqrt{4f(\nu^2)}\frac{\partial}{\partial \nu}\right)^2 U + \frac{8\pi^2 E}{h^2}U = 0.$$

Diese Differentialgleichung läßt sich nach BERNOULLI aufspalten:

$$U = M(\mu) \cdot N(\nu);$$

(2) $$\sqrt{-f(\mu^2)}\frac{d}{d\mu}\left(\sqrt{-f(\mu^2)}\frac{dM}{d\mu}\right) + M\left(\frac{8\pi^2 E}{h^2} - K\mu^2\right) = 0;$$

(3) $$\sqrt{f(\nu^2)}\frac{d}{d\nu}\left(\sqrt{f(\nu^2)}\frac{dN}{d\nu}\right) + N\left(\frac{-8\pi^2 E}{h^2} + K\nu^2\right) = 0,$$

mit

$$\mu^2 f(\mu^2) = (a^2-\mu^2)(b^2-\mu^2)(c^2-\mu^2)$$

und entsprechend für ν.

Beim Vergleich der oben angeführten Formeln mit jenen in der zitierten Literatur beachte man, daß wir hier, um möglichst engen Anschluß an die Entwicklungen des Abschnittes IV zu gewinnen, einigermaßen geänderte Bezeichnungen eingeführt haben, und zwar ist:

KRAMERS ITTMANN			Hier		
$1/a$	$1/b$	$1/c$	$1/a^2$	$1/b^2$	$1/c^2$
	λ			μ^2	
	μ			ν^2	

Man sieht sofort, daß die Gleichungen (2) und (3) identisch sind mit den Gleichungen (3b) und (3c) des Abschnittes I, 1 c, sobald man in den zuletztgenannten Gleichungen $H = 0$ setzt, d. h., wir haben in (2) und (3) LAMÉsche Potentialgleichungen vor uns.

b) Energiewerte als Eigenwerte der Laméschen Gleichungen; Numerisches.

Die Bedingungen, welche die Lösung U von VII, 2 a zu erfüllen hat, lautet: Eindeutigkeit, Endlichkeit und Stetigkeit auf der ganzen Ellipsoidoberfläche, d. h. für alle Werte von μ und ν:

$$a^2 \geqq \mu^2 \geqq b^2 \geqq \nu^2 \geqq c^2.$$

Wir wissen aus Abschnitt IV, daß die LAMÉschen Potentialfunktionen auf einer Ellipsoidoberfläche dieser Bedingung genügen. Sie bilden somit brauchbare Lösungen der vorliegenden wellenmechanischen Aufgabe. Der Wert der Konstanten K ist hiermit festgelegt zu:

$$K = n(n+1); \quad n = \text{ganze Zahl}.$$

Der Wert von

$$L = \frac{8\pi^2 E}{h^2}$$

wird bestimmt durch eine algebraische Gleichung. Hierdurch sind somit die Energieniveaus E des asymmetrischen Kreisels festgelegt. Man kann zeigen, daß n die Quantzahl des totalen Kreiselimpulsmomentes ist. Zu jedem n gibt es, wie wir aus Abschnitt IV, 1 wissen, $2n + 1$ verschiedene Lösungen M_n bzw. N_n und somit auch $U_n = M_n \cdot N_n$. Zu jeder dieser Lösungen gehört ein Energiewert E, so daß im allgemeinen höchstens $2n + 1$ verschiedene E-Werte zu einem vorgegebenen n auftreten. In Einzelfällen werden einige dieser Energiewerte zusammenfallen können.

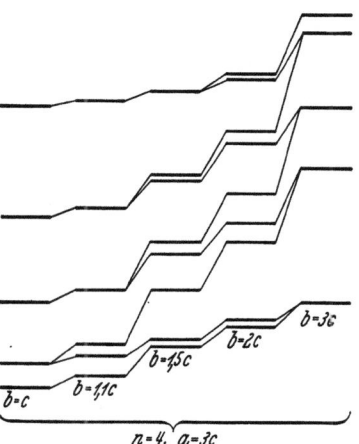

Fig. 12. Energiewerte des asymmetrischen Kreisels, in willkürlichem Maßstab, unter Fortlassung einer additiven Konstanten, für $n = 4$ und $a = 3c$.
[Bezeichnung nach KRAMERS-ITTMANN (73).]

Dies wird illustriert durch die Fig. 12 (*73*, S. 562), wo bis auf eine willkürliche additive Konstante und in beliebigem Maßstab die E-Werte für $n = 4$ und $a^2 = 3c^2$ angegeben worden sind. Man beachte, daß für $b = 2c$ (Bezeichnung KRAMERS-ITTMANN) tatsächlich die volle Anzahl von $2 \cdot 4 + 1 = 9$ Energieniveaus vorhanden ist.

VIII. Literaturverzeichnis,
alphabetisch nach Autoren geordnet.

Die vor die Literaturstellen gesetzten Nummern korrespondieren mit den Zitaten im Text, z. B. [*89*, S. 9 (52)] soll bedeuten: Literaturverzeichnis Stelle 89, Gleichung (52) auf S. 9 der betreffenden Arbeit. Vollständigkeit bis Mitte 1931 ist bei der *mathematischen* Literatur, in Ergänzung der Verzeichnisse von *49* und *151*, angestrebt worden.

1. ABRAHAM, M.: Elektromagnetische Schwingungen in einem frei endigenden Draht. Ann. Physik Bd 2 (1900) S. 32—61.
2. APPELL, P.: Traité de mécanique rationelle; tome 4: Figures d'équilibre d'une masse liquide homogène en rotation sous l'attraction Newtonienne de ses particules. Paris: Gauthier-Villars 1921.
3. ARMSTRONG, E. H.: Some recent developments of regenerative circuits. Proc. Inst. Radio Engr. New York Bd. 10 (1922) S. 244—260.
4. BACKHAUS, H.: Das Schallfeld der kreisförmigen Kolbenmembran. Ann. Physik Bd. 5 (1930) S. 1—35.
5. BARROW, W. L.: Untersuchungen über den Heulsummer. Ann. Physik Bd. 11 (1931) S. 147—176.
6. BAUER, G.: Von den Koeffizienten der Reihen von Kugelfunktionen einer Variablen. J. Math. (Crelle) Bd. 56 (1859) S. 101—121.
7. BLOCH, F.: Über die Quantenmechanik der Elektronen in Kristallgittern. Z. Physik Bd. 52 (1929) S. 555—600.
8. — Bemerkung zur Elektronentheorie des Ferromagnetismus. Z. Physik Bd. 57 (1929) S. 545—555.
9. — Zum elektrischen Widerstandsgesetz bei tiefen Temperaturen. Z. Physik Bd. 59 (1930) S. 208—214.
10. — Zur Theorie des Ferromagnetismus. Z. Physik Bd. 61 (1930) S. 206—219.
10a. BOUTHILLON, L.: Optique et radioélectricité. L'Onde électrique Bd. 4 (1925) S. 287—296.
11. BREMEKAMP, H.: Over de periodieke oplossingen der vergelijking van MATHIEU. Nieuw Arch. Wiskde Bd. 15 (1925) S. 138—146.
12. — Over de voortplanting van een golfbeweging in een medium van periodieke structuur. Physica Bd. 6 (1926) S. 136—144.
13. — On the solution o fMATHIEU's equation. Nieuw Arch. Wiskunde Bd. 15 (1927) S. 292—301.
14. BRILLOUIN, L.: Les statistiques quantiques et leurs applications. Presses universitaires de France 1930, 2 Bände, namentlich Bd. 2 S. 258—266. — Deutsche Ausgabe: Die Quantenstatistik und ihre Anwendung auf die Elektronentheorie der Metalle S. 259ff. Berlin: Julius Springer 1931.
15. BURGESS, A. G.: Determinants connected with the periodic solutions of MATHIEU's equation. Proc. Edinburgh Math. Soc. Bd. 33 (1915) S. 122—138.
16. BYERLY, W. E.: An elementary treatise on Fourier's series and spherical, cylindrical and ellipsoidal harmonics. London: Ginn & Co 1893.

17. CAMPBELL, G. A.: Physical theory of the electric wave filter. Bell Syst. Techn. J. Bd. 1 (Nov. 1922) S. 1—32.
18. CARSON, J. R.: Notes on the theory of modulation. Proc. Inst. Radio Engr. New York Bd. 10 (1922) S. 57—64.
19. COCKROFT, J. D.: Skin effect in rectangular conductors at high frequencies. Proc. Roy. Soc. A Bd. 122 (1922) S. 533—542.
20. COURANT, R., u. D. HILBERT: Methoden der math. Physik I. 1. Aufl. 1924; 2. Aufl. 1931; zitiert nach der 1. Aufl. Berlin: Julius Springer. — Vgl. auch A. HURWITZ.
21. COUWENHOVEN, A.: Über die Schüttelerscheinungen elektrischer Lokomotiven mit Kurbelantrieb. Forschungsarbeiten VDI Heft 218. Berlin 1919.
22. CURTIS, M. F.: The existence of the functions of the elliptic cylinder. Ann. of Math. (2) Bd. 20 (1917) S. 23—34.
23. DARWIN, G. H.: Ellipsoidal harmonic analysis. Trans. Roy. Soc. London A Bd. 197 (1901) S. 461—557.
24. DOUGALL, J.: The solution of Mathieu's differential equation; representation by contour integrals and asymptotic expansions. Proc. Edinburgh Math. Soc. Bd. 44 (1925—1926) S. 57—71.
25. DREYFUS, L.: Eigenschwingungen von Systemen mit periodisch veränderlicher Elastizität. Arch. Elektrotechn. Bd. 12 (1923) S. 238.
26. DUFFING, G.: Erzwungene Schwingungen bei veränderlicher Eigenfrequenz und ihre technische Bedeutung. Sammlung Vieweg 1918, Heft 41/42.
EMDE, F., vgl. JAHNKE-EMDE.
27. EMERSLEBEN, O.: Freie Schwingungen in Kondensatorkreisen. Physik. Z. Bd. 22 (1921) S. 393—400.
28. FLOQUET, G.: Sur les équations différentielles linéaires à coefficients périodiques. Ann. École norm. Bd. 12 (1883) S. 47—88.
29. FÖPPL, A.: Vorlesungen über technische Mechanik Bd. 6, 4. Aufl. Leipzig: B. G. Teubner 1921.
30. FORSYTH, A. R.: Theory of differential equations. Vol. 4. Camb. univers. Press. 1902.
31. FRENKEL, J.: Lehrbuch der Elektrodynamik Bd. 2. Berlin: Julius Springer 1928.
32. GUERRITORE, G.: Calcolo delle funzioni di Lamé fino a quelle di grado 10. Giorn. mat. Napoli Bd. 47 (1909) S. 164—172.
33. GOLDSTEIN, S.: Mathieu functions. Trans. Camb. Phil. Soc. Bd. 23 (1927) S. 303—336.
34. — A note on certain approximate solutions of linear differential equations of the second order, with an application to the Mathieu equation. Proc. London Math. Soc. (2) Bd. 28 (1928) S. 81—90.
35. — The free oscillations of water in a canal of elliptic plan. Proc. London Math. Soc. (2) Bd. 28 (1928) S. 91—101.
36. — The second solution of Mathieu's differential equation. Proc. Camb. Phil. Soc. Bd. 24 (1928) S. 223—230.
37. — On the asymptotic expansion of the characteristic numbers of the Mathieu equation. Proc. Roy. Soc. Edinburgh Bd. 49 (1929) S. 210—223. Vgl. auch H. P. MULHOLLAND.
38. HALLÈN, E.: Über die elektrischen Schwingungen in drahtförmigen Leitern. Uppsala Univ. Årsskr. 1930. Math. Naturw. 102 S.
39. Handbuch der Physik Bd. 8, Akustik. Berlin: Julius Springer 1927.
40. HAMEL, G.: Über lineare homogene Differentialgleichungen zweiter Ordnung mit periodischen Koeffizienten. Math. Ann. Bd. 73 (1912) S. 371.

41. HAUPT, O.: Über lineare homogene Differentialgleichungen zweiter Ordnung mit periodischen Koeffizienten; Bemerkung zur Arbeit gleichen Titels von Herrn HAMEL. Math. Ann. Bd. 79 (1919) S. 278—285.
42. HEINE, E.: Handbuch der Kugelfunktionen, 2 Bände. Berlin: Reimer 1878 u. 1881.
43. HERZFELD, K. F.: Über die Beugung von elektromagnetischen Wellen an gestreckten, vollkommen leitenden Rotationsellipsoiden. S.-B. Akad. Wiss. Wien Bd. 120 (1911) S. 1587—1615.
44. HILB, E.: Über Kleinsche Theoreme in der Theorie der linearen Differentialgleichungen. 1. Mitt. Math. Ann. Bd. 66 (1908) S. 215—257; 2. Mitt. ibid. Bd. 68 (1909) S. 24—74.
45. — Über Reihenentwicklungen nach den Eigenfunktionen linearer Differentialgleichungen 2. Ordnung. Math. Ann. Bd. 71 (1909) S. 76—87.
HILBERT, D. vgl. R. COURANT.
46. HILL, G. W.: On the part of the motion of the lunar perigee. Acta math. Bd. 8 (1886) S. 1.
47. HILLE, E.: On the zeros of Mathieu functions. Proc. London Math. Soc. Bd. 23 (1924) S. 224.
48. HIRSCH, P.: Das Pendel mit oszillierendem Aufhängepunkt. Z. angew. Math. Mech. Bd. 10 (1930) S. 41—52.
49. HUMBERT, P.: Fonctions de Lamé et fonctions de Mathieu. Fascicule X du Mémorial des sciences mathématiques. Paris: Gauthier-Villars 1926.
50. HURWITZ, A., u. R. COURANT: Funktionentheorie, 2. Aufl. Berlin: Julius Springer 1925.
51. INCE, E. L.: The elliptic cylinder functions of the second kind. Proc. Edinburgh Math. Soc. Bd. 33 (1914—1915) S. 2—13.
52. — On a general solution of Hill's equation. Monthly Not. Roy. Astron. Soc. Bd. 75 (1915) S. 436—448.
53. — A proof of the impossibility of the coexistence of two Mathieu functions. Proc. Camb. Phil. Soc. Bd. 21 (1922) S. 117.
54. — A lienar differential equation of the second order. Proc. London Math. Soc. Bd. 23 (1923) S. 56.
55. — Researches into the characteristic numbers of the Mathieu equation, first paper. Proc. Roy. Soc. Edinburgh Bd. 46 (1925) S. 20—29.
56. — Researches into the characteristic numbers of the Mathieu equation, second paper. Proc. Roy. Soc. Edinburgh Bd. 46 (1926) S. 316—322.
57. — Researches into the characteristic numbers of the Mathieu equation, third paper. Proc. Roy. Soc. Edinburgh Bd. 47 (1927) S. 294—301.
58. — The Mathieu equation with numerically large parameters. J. London Math. Soc. Bd. 2 (1927) S. 46—50.
59. — Mathieu functions of stable type. Philos. Mag. (7) Bd. 6 (1928) S. 547—558.
60. ITTMANN, G. P.: De rotatie van onsymetrische moleculen. Physica Bd. 9 (1929) S. 305—314.
61. — Zur Theorie der Störungen in Bandenspektren. Z. Physik Bd. 71 (1931) S. 616—626. Vgl. auch H. A. KRAMERS.
62. JACOBI, C. G. J.: Über eine partikuläre Lösung der partiellen Differentialgleichung .. J. Math. (Crelle) Bd. 36 (1847); Werke II, S. 198.
63. — Vorlesungen über Dynamik. Wintersem. 1842/43 Königsberg. Werke Suppl.-Band, Vorl. 26.
64. JAHNKE, E., u. F. EMDE: Funktionentafeln mit Formeln und Kurven. Leipzig: B. G. Teubner 1923.
65. JEANS, J. H.: Astronomy & Cosmogony. Camb. univ. press. 1928.
66. JEFFREYS, H.: On certain approximate solutions of linear differential equations of the second order. Proc. London Math. Soc. Bd. 23 (1923) S. 428—436.

67. JEFFREYS, H.: On certain approximate solutions of Mathieu's equation. Proc. London Math. Soc. Bd. 23 (1924) S. 437—448.
68. — On the modified Mathieu equation. Proc. London Math. Soc. Bd. 23 (1924) S. 448—454.
69. — The free oscillations of water in an elliptic lake. Proc. London Math. Soc. Bd. 23 (1924) S. 455—476.
70. KLEIN, F.: Über Lamésche Funktionen. Math. Ann. Bd. 18 (1881) S. 237—246.
71. — Bemerkungen zur Theorie der linearen Differentialgleichungen zweiter Ordnung. Math. Ann. Bd. 64 (1907) S. 175—196.
72. KOENIG, W.: Hydrodynamisch-akustische Untersuchungen. Wied. Ann. Bd. 43 (1891) S. 51.
73. KRAMERS, H. A., u. G. P. ITTMANN: Zur Quantelung des asymmetrischen Kreisels, I. Z. Physik Bd. 53 (1929) S. 553—565.
74. — Zur Quantelung des asymmetrischen Kreisels, II. Z. Physik Bd. 58 (1929) S. 217—231.
75. — Zur Quantelung des asymmetrischen Kreisels, III. Z. Physik Bd. 60 (1930) S. 663—681.
76. KRONIG, R. DE L.: The quantum theory of dispersion in metallic conductors. Proc. Roy. Soc. London A Bd. 133 (1931) S. 255—265.
77. KRONIG, R. DE L., u. W. G. PENNEY: Quantum mechanics in crystal lattices. Proc. Roy. Soc. London A Bd. 130 (1931) S. 499—513.
78. LAMB, H.: Lehrbuch der Hydrodynamik. Leipzig: B. G, Teubner 1907.
79. — The dynamical theory of sound. London: Edward Arnold 1925.
80. LAMÉ, G.: Sur les lois de l'équilibre du fluide éthéré. J. École polytechn. Bd. 14 (1834).
81. — Mémoire sur les surfaces isothermes dans les corps solides homogènes en équilibre de température. J. Math. (Liouville) Bd. 2 (1837) S. 147—183.
82. — Leçons sur les coordonnées curvilignes. Paris 1859.
83. LICHTENSTEIN, L.: Grundlagen der Hydromechanik 507 S. Berlin: Julius Springer 1929.
84. — Vorlesungen über einige Klassen nichtlinearer Integralgleichungen und Integrodifferentialgleichungen. Berlin: Julius Springer 1931. 164 S.
85. LIÉNARD, A. M.: Oscillations auto-entretenues. Proc. third. internat. congress applied mech. Bd. 3 (1930) S. 173—177.
86. LINDEMANN, F.: Über die Differentialgleichung der Funktionen des elliptischen Zylinders. Math. Ann. Bd. 22 (1883) S. 117.
86a. LIOUVILLE, J.: Second mémoire sur le développement des fonctions ou parties de fonctions en série dont les divers termes sont assujetis à satisfaire à une même équation différentielle du second ordre, contenant un paramètre variable. J. Math. (Liouville) Bd. 2 (1837) S. 16—35.
87. LOMMEL, E.: Die Beugungserscheinungen einer kreisrunden Öffnung und eines kreisrunden Schirmchens theoretisch und experimentell bearbeitet. Abh. bayer. Akad. Wiss. Math. Phys. Klasse Bd. 15 (1886) S. 229—329.
88. LORENTZ, H. A.: Problems of modern physics. New York: Ginn & Co. 1927.
89. MACLAURIN, R.: On the solutions of the equation $(V^2 + K^2)\psi = 0$ in elliptic coordinates and their physical applications. Trans. Camb. Phil. Soc. Bd. 17 (1898) S. 41—108.
90. MALMBORG, M.: Om integrationem af en klass af lineäre differentialekvationer med dubbelperiodiska koefficienter, analog med de s.k. Hermite'ska differentialekvationerna. Uppsala Univ. Årsskr. Mat. Natur. (1897) S. 1—33.
91. MANDELSTAM, L., u. N. PAPALEXI: Über Resonanzerscheinungen bei Frequenzteilung. Z. Physik Bd. 73 (1931) S. 223—248.

92. MARKOVIC, Z.: Sur la non-existence simultanée de deux fonctions de Mathieu. Proc. Camb. Phil. Soc. Bd. 23 (1926) S. 203.
93. MARSHALL,W.: The asymptotic representation of the elliptic cylinder functions. Amer. J. Math. Bd. 31 (1909).
94. — Determination of the arbitrary constants which appear in the asymptotic expansions for the functions of the elliptic cylinder. Proc. Edinburgh Math. Soc. Bd. 40 (1921—1922) S. 2—8.
95. MATHIEU, E.: Mémoire sur le mouvement vibratoire d'une membrane de forme elliptique. J. Math. (Liouville) (2) Bd. 13 (1868) S. 137—203.
96. — Cours de physique mathématique. Paris: Gauthier-Villars 1873.
97. MEISSNER, E.: Über Schüttelschwingungen in Systemen mit periodisch veränderlicher Elastizität. Schweizer Bauzeitung Bd. 72 (1918) S. 95—99.
98. MÖGLICH, F.: Beugungserscheinungen an Körpern von ellipsoidischer Gestalt. Ann. Physik Bd. 83 (1927) S. 609—734.
99. MORSE, P. E.: Quantummechanics of electrons in crystals. Physic. Rev. Bd. 35 (1930) S. 1310—1324. Vgl. auch E. C. G. STUECKELBERG.
100. MULHOLLAND, H. P., u. S. GOLDSTEIN: The characteristic numbers of the Mathieu equation with purely imaginary parameter. Philos. Mag. Bd. 8 (1929) S. 834—840.
101. MÜLLER, K. E.: Über die Schüttelschwingungen des Kuppelstangenantriebes. Dissert. Zürich 1919.
102. NIELSEN, N.: Handbuch der Theorie der Zylinderfunktionen. Leipzig: B. G. Teubner 1904.
103. NIVEN, C.: On the conduction of heat in ellipsoids of revolution. Philos. Trans. Roy. Soc. London Bd. 171 (1881) S. 117—151.
104. NIVEN, W. D.: On ellipsoidal harmonics. Philos. Trans. Roy. Soc. London A Bd. 182 (1892) S. 231—278.
105. NOETHER, F.: Anwendung der Hillschen Differentialgleichung auf die Wellenfortpflanzung in elektrischen oder akustischen Kettenleitern. Verh. 3. internat. Kongreß techn. Mech. Stockholm Bd. 3 (1931) S. 143—149.
PAPALEXI, N., vgl. L. MANDELSTAM.
PENNEY, W. G. vgl. R. DE L. KRONIG.
106. POCKELS, F.: Über die partielle Differentialgleichung $\Delta u + K^2 u = 0$ und deren Auftreten in der mathematischen Physik. Leipzig: Teubner 1891.
107. POINCARÉ, H.: Sur les groupes d'équations linéaires. Acta math. Bd. 4 (1884) S. 201—312.
108. — Sur les déterminants d'ordre infini. Bull. Soc. Math. France Bd. 14 (1886) S. 77—90.
109. — Figures d'équilibre d'une masse fluide. Paris: Naud 1902.
110. — Méthodes nouvelles de la mécanique céleste. 3 Bände. Paris: Gauthier-Villars.
111. — Leçons de mécanique céleste. 3 Bände. Paris: Gauthier-Villars 1907 bis 1910.
112. POOLE, E. C. G.: On certain classes of Mathieu functions. Proc. London Math. Soc. Bd. 20 (1921) S. 374—388.
113. RAYLEIGH, LORD (J. W. STRUTT): On the maintenance of vibrations of double frequency and on the propagation of waves through a medium endowed with a periodic structure. Sci. Pap. Bd. 3 (1887) S. 1—14.
114. — On the passage of waves through apertures in plane screens and allied problems. Sci. Pap. Bd. 4 (1897) S. 283—296.
115. — Theory of sound. 2 Bände. London: Mac Millan 1926.
116. RIEMANN-WEBER: Differentialgleichungen der Physik. Herausgeg. von PH. FRANK u. R. v. MISES. 2 Bände. 1. Aufl. Braunschweig: Vieweg 1925.

117. SÄRCHINGER, E.: Beitrag zur Theorie der Funktionen des elliptischen Zylinders. 28 S. Dissert. Leipzig 1894.
118. SCHRÖDINGER, E.: Abhandlungen zur Wellenmechanik. 1. Aufl. Leipzig: Barth 1927.
119. SCHUBERT, J.: Über die Integration der Differentialgleichung $\Delta u + K^2 u = 0$ für Flächenstücke, die von konfokalen Ellipsen und Hyperbeln begrenzt werden. 52 S. Dissert. Königsberg 1886.
120. SCHWERIN, E.: Über Schüttelschwingungen gekoppelter Systeme. Z. techn. Physik Bd. 10 (1929) S. 37—46.
121. SIEGER, B.: Die Beugung einer ebenen elektrischen Welle an einem Schirm von elliptischem Querschnitt. Ann. Physik Bd. 27 (1908) S. 626—664.
122. STEPHENSON, A.: On a new type of dynamical stability. Mem. and Proc. Manchester Literary & Phil. Soc. Bd. 52 (1908) Nr. 8.
123. STIELTJES, T. J.: Quelques remarques sur l'intégration d'une équation différentielle. Astron. Nachr. Bd. 109 (1884) S. 145—152, 261—266.
124. — Sur certains polynomes qui vérifient une équation différentielle linéaire du second ordre, et sur la théorie des fonctions de Lamé. Acta math. Bd. 6 (1885) S. 321—326.
125. STRUTT, M. J. O.: Stabiliseering en labiliseering door trillingen. Physica Bd. 7 (1927) S. 265—271.
126. — Wirbelströme im elliptischen Zylinder. Ann. Physik Bd. 84 (1927) S. 485—506.
127. — Der Verlauf der Grenzkurven zwischen labilen und stabilen Lösungsgebieten der Mathieuschen Differentialgleichung. Math. Ann. Bd. 99 (1928) S. 625—628.
127a. — Eigenschwingungen einer Saite mit sinusförmiger Massenverteilung. Ann. Physik Bd. 85 (1928) S. 129—136.
128. — Skineffekt in zylindrischen Leitern. Ann. Physik Bd. 85 (1928) S. 781 bis 793.
129. — Magnetische Feldverdrängung und Eigenzeitkonstanten. Ann. Physik Bd. 85 (1928) S. 866—880.
130. — Zur Wellenmechanik des Atomgitters. Ann. Physik Bd. 86 (1928) S. 319 bis 324.
131. — The effect of a finite baffle on the emission of sound by a double source. Philos. Mag. Bd. 7 (1929) S. 537—548.
132. — Der charakteristische Exponent der Hillschen Differentialgleichung. Math. Ann. Bd. 101 (1929) S. 559—569.
133. — Hydrodynamische Behandlung hochfrequenter elektromagnetischer Aufgaben. Arch. Elektrotechn. Bd. 21 (1929) S. 526—528.
134. — Skineffekt. Ann. Physik Bd. 8 (1931) S. 777—793.
135. — Beugung einer ebenen Welle an einem Spalt von endlicher Breite. Z. Physik Bd. 69 (1931) S. 597—617.
136. — Erweiterung der Kettenleitertheorie. Arch. Elektrotechn. (1932), im Erscheinen.
137. STUECKELBERG, E. C. G., u. P. M. MORSE: Die spezifische Wärme von quasifreien Elektronen. Z. Physik Bd. 69 (1931) S. 666—677.
138. SUDHANSUKUMAR BANERJI: On a class of ellipsoidal harmonics and a method of solving the wave equation in ellipsoidal coordinates. Bull. Calcutta Math. Soc. Bd. 10 (1918—1919) S. 95—104.
139. — On the wave equation in ellipsoidal coordinates. Bull. Calcutta Math. Soc. Bd. 10 (1918—1919) S. 179—186.
140. THOMSON, W. (Lord KELVIN): On the stability of periodic motion. Nature (Aug. 1892) S. 384.

8*

141. THOMSON, W. (Lord KELVIN): On instability of periodic motion. Proc. Roy. Soc. A Bd. 50 (1892) S. 194—200.
142. THOMSON, J. J.: Recent researches in electricity and magnetism. Clarendon Press Oxford 1893.
143. TODHUNTER, J.: An elementary treatise on Laplace's functions, Lamé's functions and Bessel's functions. London 1875.
144. VARMA, R. S.: On Mathieu functions. J. Indian Math. Soc. Bd. 19 (1931) S. 49—53.
144a. Verzeichnis berechneter Funktionstafeln; Erster Teil; Besselsche, Kugel- und elliptische Funktionen. Herausgeg. vom Institut für angew. Math. an der Universität Berlin. VDI-Verlag 1928.
144b. VOLK, O.: Über die Entwicklung von Funktionen zweier komplexer Veränderlicher nach Laméschen Funktionen. Math. ZS. Bd. 23 (1925) S. 224—237.
145. WAGNER, K. W.: Spulen- und Kondensatorleitungen. Arch. Elektrotechn. Bd. 8 (1919) S. 61—92; E. N. T. Bd. 5 (1928) S. 1.
146. WATSON, G. N.: The convergence of the series in Mathieu's functions. Proc. Edinburgh Math. Soc. Bd. 33 (1914) S. 25—30.
147. — Theory of Bessel functions. Camb. Un. Press. 1922. Vgl. auch E. T. WHITTAKER.
148. WEBER, H.: Über die Integration der partiellen Differentialgleichung $\Delta u + K^2 u = 0$. Math. Ann. Bd. 1 (1869) S. 1—36.
149. WHITTAKER, E. T.: On the general solution of Mathieu's equation. Proc. Edinburgh Math. Soc. Bd. 32 (1914) S. 75—80.
150. — On the recurrence formulae of the Mathieu functions. J. London Math. Soc. Bd. 4 (1929) S. 88—96.
151. WHITTAKER, E. T., u. G. N. WATSON: A course of modern analysis. Camb. Un. Press. 4. Aufl. 1927.
151a. WRINCH, D. M.: On spheroidal harmonics as hypergeometric functions. Philos. Mag. (7) Bd. 6 (1928) S. 1117—1122.
152. YOUNG, A. W.: On the quasi-periodic solutions of Mathieu's differential equation. Proc. Edinburgh Math. Soc. Bd. 33 (1914) S. 81—90.

MIX
Papier aus verantwortungsvollen Quellen
Paper from responsible sources
FSC® C105338

If you have any concerns about our products,
you can contact us on
ProductSafety@springernature.com

In case Publisher is established outside the EU,
the EU authorized representative is:
**Springer Nature Customer Service Center GmbH
Europaplatz 3, 69115 Heidelberg, Germany**

Printed by Libri Plureos GmbH
in Hamburg, Germany